la chimie
d'une planète durable

Relecture : Gérard Tassi
Mise en pages : Marina Smid

ISBN : 978-2-7465-0537-7

239, rue Saint-Jacques 75005 Paris
www.editions-lepommier.fr

la chimie d'une planète durable

stéphane sarrade

Éditions
Le Pommier

La folie est de toujours se comporter de la même manière
et de s'attendre à chaque fois à un résultat différent.
Albert Einstein

À Déborah, Alexia, Victoria, Anna et Hugo.
Ces enfants du millénaire
qui construiront une planète durable...

La chimie, la planète… et nous

Pour être tout à fait honnête, la chimie n'était pas ma discipline favorite lorsque j'étais étudiant.

Si la biologie et les biotechnologies me passionnaient et m'ouvraient des perspectives infinies, les cours de chimie ne me faisaient pas particulièrement rêver… Aussi puis-je comprendre sans difficulté que la chimie soit rébarbative pour beaucoup de gens.

Il a fallu que je commence mes travaux de thèse pour me rendre compte que toute la chimie que j'avais étudiée, qu'elle soit organique ou minérale, était en fait une sorte de solfège qui m'ouvrait l'accès à un concerto universel et sans limite, celui des molécules et de la matière…

Comme pour beaucoup d'étudiants, c'est donc lors de sa mise en œuvre pratique que j'ai découvert que la chimie est au cœur de toutes choses, au cœur de notre vie…

Car la chimie et sa composante biologique, la biochimie, qui permet de comprendre et d'agir sur le fonctionnement de notre organisme ainsi que ceux de la faune et de la flore qui nous entourent (n'oublions pas que nous sommes nous-mêmes formés par des milliards de molécules chimiques), participent à la majeure partie de nos activités humaines.

Eh oui, de nos savonnettes au carburant de nos voitures, de nos traitements médicamenteux aux barquettes des plats tout préparés... cette chimie est présente dans tous les espaces de notre vie. En cela, elle occupe une place particulière au sein des sociétés humaines.

Son omniprésence dans notre vie quotidienne se traduit par une prééminence économique, sociétale et environnementale. Car passer de la chimie à l'industrie chimique se fait naturellement depuis des centaines d'années.

La chimie industrielle dans le monde...

Nous allons le voir, l'impact économique de la chimie est majeur, que cela soit en termes d'emplois générés ou bien en termes de chiffre d'affaires réalisé. Cette industrie est constituée de groupes de grandes tailles possédant des filiales industrielles souvent localisées au plus près des consommateurs dans le monde. Aussi, en faisant la somme de toutes les unités industrielles exploitées actuellement pour satisfaire durablement la demande mondiale dans les secteurs de l'alimentaire, de la santé et des biens de consommation, il apparaît une production de masse incontournable.

Environ 85 % des 85 000 principaux produits chimiques commerciaux sont produits à partir de 20 produits chimiques simples, appelés produits chimiques de base, eux-mêmes produits à partir de 10 matières premières, majoritairement fossiles, comme le pétrole. L'industrie chimique recouvre l'ensemble des activités industrielles permettant de produire ces produits chimiques commerciaux.

Dans son rapport intitulé « La chimie en France, en bref, édition 2009 », l'Union des industries chimiques (UIC) livre des statistiques obtenues via ses adhérents et des données accessibles en Europe.

Hors le domaine de la pharmacie, la chimie employait en France, en 2008 et en 2009, environ 180 000 à 200 000 personnes, dont 12 000 dans le domaine de la recherche et du développement. Ces emplois sont répartis dans 900 entreprises de plus de 20 salariés.

Ces emplois ont généré un chiffre d'affaires de 85,8 milliards d'euros en 2008 et de 67 milliards en 2009.

La chimie industrielle présentait en 2009 un solde positif en termes de commerce extérieur de l'ordre de 5 milliards d'euros. Les chiffres 2008 et 2009 montrent une décroissance amorcée depuis plusieurs années, mais malgré la crise économique, l'industrie chimique française résiste plutôt bien en termes économiques.

De par sa position en amont de nombreux secteurs industriels, l'industrie chimique en France est prédominante, c'est le second secteur industriel après celui de l'automobile. Au niveau mondial, La France est positionnée au cinquième rang, derrière les États-Unis, la Chine, le Japon et l'Allemagne, ce qui nous place donc au second rang européen.

Au niveau mondial, l'industrie chimique a, en 2009, généré environ 2000 milliards d'euros de chiffre d'affaires et plusieurs millions d'emplois associés. Cette industrie est constituée par une soixantaine de groupes industriels de taille significative, répartis de manière homogène dans trois zones : Asie (30 %), Europe (35 %) et Amérique du Nord (25 %). Avec la Chine, le Japon et bientôt l'Inde, le continent asiatique est celui qui présente la plus forte progression industrielle dans ce domaine.

Pour 2009, le classement du magazine américain *Fortune* donne les 10 premières sociétés chimiques dans le monde, leur rang parmi les 500 plus grandes entreprises mondiales et leurs chiffres d'affaires :

Industries chimiques : les 10 premières compagnies dans le monde en 2009 (source : magazine *Fortune*, juillet 2009)			
Rang	**Compagnies**	**Rang parmi les 500 plus grandes sociétés**	**Revenus en millions de dollars US**
1	BASF (Allemagne)	59	91 193
2	Dow Chemical (USA)	127	57 514
3	Lyondell Basell Industries (Pays-Bas)	147	50 996
4	Bayer (Allemagne)	154	48 182
5	SABIC (Arabie Saoudite)	186	40 203
6	DuPont (USA)	262	31 836

7	Mitsubishi Chemical Holdings (Japon)	302	28.957
8	Evonik Industries (Allemagne)	383	23.718
9	Akzo Nobel (Pays-Bas)	406	22.563
10	Air liquide (France)	484	19.179

Le même type de classement pour les industries pharmaceutiques montre une présence américaine forte et un positionnement de l'Europe via de grands groupes industriels, inamovibles depuis plusieurs décennies :

Industries pharmaceutiques : les 12 premières compagnies dans le monde en 2009 (source : magazine *Fortune*, juillet 2009)			
Rang	**Compagnies**	**Rang parmi les 500 plus grandes sociétés**	**Revenus en millions de dollars US**
1	Johnson & Johnson (USA)	103	63 747
2	Pfizer (USA)	152	48 296
3	GlaxoSmithKline (Angleterre)	168	44 654
4	Roche Group (Suisse)	171	44 268
5	Sanofi-Aventis (France)	181	42 179
6	Novartis (Suisse)	183	41 459
7	AstraZeneca (Angleterre)	268	31 601
8	Abbott Laboratories (USA)	294	29 528
9	Merck (USA)	378	23 850

10	Wyeth (USA)	401	22834
11	Bristol-Myers Squibb (USA)	435	21366
12	Eli Lilly (USA)	455	20378

Ces sociétés emploient chacune entre 10000 et 100000 personnes dans le monde. Si nous passons au monde de l'agroalimentaire, les groupes en question peuvent employer plusieurs centaines de milliers de personnes :

Industries agro-alimentaires : les 5 premières compagnies dans le monde en 2009 (source : magazine *Fortune*, juillet 2009)			
Rang	**Compagnies**	**Rang parmi les 500 plus grandes sociétés**	**Revenus en millions de US dollars**
1	Nestlé (Suisse)	48	101565
2	Unilever (Angleterre)	121	59313
3	PepsiCo (USA)	175	43251
4	Kraft Foods (USA)	177	42867
5	Groupe Danone (France)	413	22277

En plus de la chimie, de la pharmacie et de l'agro-alimentaire, il est possible de rajouter au niveau européen les groupes pétroliers BP, Shell et Total dans le domaine du raffinage, et Suez et Areva dans celui de l'énergie.

La chimie industrielle : un paradoxe sociétal

Bien qu'omniprésente, la chimie moderne est assise sur un paradoxe : nos sociétés demandent de produire massivement toujours plus de produits chimiques, soit pour notre subsistance, soit pour notre confort, tout en limitant durablement les impacts potentiels de la chimie. Car la chimie n'est pas sans effets sur l'être humain et son environnement, et ces effets ne sont, hélas, pas toujours positifs.

85 000 substances chimiques sont commercialisées dans le monde et 7 000 sont produites de manière massive. Dans son documentaire télévisé *La Grande Invasion* (2011), la réalisatrice Stéphane Horel a montré que, depuis les années 1950, nous sommes entourés par les produits chimiques. Au début, ces produits étaient perçus comme une source de progrès, puis comme un mal nécessaire à la société moderne, un tribut à payer pour justifier notre mode de vie, avec toujours plus de produits nouveaux, d'emballages de protection... ils sont maintenant rejetés en masse.

En effet, si nous consommons volontairement des produits chimiques, dans notre nourriture, pour survivre, croître, nous soigner et perpétuer notre espèce, nous en consommons aussi de manière involontaire car les produits chimiques commerciaux peuvent contenir des traces résiduelles de molécules parasites : pesticides, engrais. Découvrir des résidus de phtalates ou de bisphénol A dans les matières plastiques qui nous entourent et dans le biberon des bébés, des pesticides dans nos assiettes comme dans l'eau de nos rivières, ou la toxicité de certains médicaments inquiète à juste titre (voire angoisse) les consommateurs et écocitoyens que nous sommes. La chimie donne l'image d'une industrie lucrative et rentable, qui s'enrichit au détriment de notre santé et de notre écosystème planétaire…

Pourtant, dès le début du XXIe siècle, nous avons vu se mettre en place un enseignement scientifique et technique, ainsi qu'une recherche appliquée clairement orientés vers le développement durable. Cela porte sur le développement de procédés industriels techniquement et économiquement faisables basés sur l'utilisation de matières premières renouvelables produites à partir de molécules végétales se substituant aux produits d'origine pétrolière (car il faut limiter le prélèvement des matières premières dans l'environnement, la plupart d'entre elles sont fossiles et leur prélèvement massif conduit à un épuisement des ressources mais aussi à des déséquilibres, perturbateurs de la biodiversité) et d'énergies renouvelables et/ou non émettrices de gaz à effet de serre (l'industrie chimique française a ainsi réalisé une diminution de 45 % des émissions de gaz à effet de serre depuis 1990).

De plus, le développement de ces procédés innovants doit augmenter drastiquement l'efficacité et le rendement de fabrication des produits chimiques, c'est ce que nous appelons l'intensification des procédés, avec une utilisation totale de la matière première. Enfin, ces procédés doivent favoriser l'utilisation de réactifs et solvants non toxiques et privilégier des voies de synthèse ne conduisant pas à des intermédiaires réactionnels ou des déchets chimiques particulièrement toxiques (ces déchets pouvant conduire à des déséquilibres majeurs et à des impacts néfastes sur la faune, la flore et nous-mêmes, puisque nous sommes au sommet de la chaîne alimentaire).

La chimie industrielle, avec ses bienfaits et ses dangers, réels ou fantasmés, est donc entrée dans une ère nouvelle, celle de la prise de conscience de son impact sur notre quotidien. Cette prise de conscience, d'abord par le protocole européen Reach, puis au niveau national dans le cadre du Grenelle de l'environnement, conduit irrémédiablement la chimie à se positionner dans une perspective durable, d'un point de vue technique, économique ou bien sociétal.

Une révolution et cinq grands enjeux

Une révolution est donc à mener, et elle a pour nom « chimie verte ».

Jean-Claude Charpentier, un des pères du Génie des procédés français, me donna un jour la définition pratique de la chimie verte : « Dès maintenant, il faut produire beaucoup plus tout en consommant beaucoup moins. » C'est d'une simplicité redoutable.

Pourquoi faut-il produire beaucoup plus ?

Parce que, globalement, la population de la planète est en constante augmentation. Un peu plus de 6 milliards actuellement, nous devrions atteindre les 9 milliards d'habitants d'ici 2030 à 2050. Cette augmentation n'est pas homogène au niveau de la planète. Le Brésil, la Russie, l'Inde et la Chine (qui forment le BRIC) vont, à eux quatre, représenter rapidement la moitié de la population mondiale, et les outils de production à développer le seront principalement dans ces quatre territoires, ce qui va compliquer les choses.

Pourquoi faut-il consommer beaucoup moins ?

Parce que, actuellement, seuls 25 % en masse de ce qui est prélevé dans la nature en termes de matière première se retrouvent dans des produits finis. Cela implique que 75 % sont rejetés dans la nature. C'est *a minima* un gaspillage énorme, mais aussi un risque important de déstabilisation de l'écosystème global. Dès 2005, une étude du World Resource Institute indiquait que nous devions faire progresser l'efficacité de nos procédés industriels d'un facteur 20, c'est-à-dire consommer 20 fois moins de matières premières et cela en intensifiant nos procédés industriels.

Nous vivons certes au présent, mais il devient de plus en plus urgent de nous projeter vers un futur à court et moyen terme. Un futur dans lequel la chimie doit continuer à nous accompagner en nous apportant – et ce dès maintenant – des solutions concrètes à cinq enjeux stratégiques auxquels l'humanité doit et devra faire face, pour sa survie et celle de la planète qui l'héberge :

Produire de la nourriture

La production de nourriture, c'est-à-dire l'agriculture, l'élevage et la transformation via les industries agro-alimentaires, est, depuis la fin du XXe siècle, un problème patent. Depuis les famines en Afrique jusqu'à celles en Asie se pose la question de faire pousser des plantes en quantité significative et cela à partir de sols pas toujours fertiles. L'idée même des plantes OGM (Organismes génétiquement modifiés) est née à cette période avec l'idée de chercheurs imaginant faire pousser des plantes au Sahara pour nourrir les populations affamées. Quarante ans plus tard, cette idée, reprise au profit d'un monopole industriel, a été largement dévoyée…

Aujourd'hui, les engrais et les pesticides restent au cœur des débats sur la production de nourriture. Ils sont incontournables si nous envisageons de nourrir 9 milliards d'habitants en 2050, même si, localement, les cultures bio auront toute leur place. Nourrir la planète ne pourra se faire sans chimie, que cela soit pour l'alimentation animale ou pour l'alimentation humaine…

Produire des médicaments

L'évolution démographique importante à laquelle nous faisons face, associée à une augmentation continue de la durée de vie dans les pays industrialisés, nous amène à repenser complètement la production de principes actifs pour la santé humaine.

Les maladies les plus dévastatrices à l'heure actuelle sont le sida, la malaria, la tuberculose, le choléra. Or, il est incroyable de noter que des médicaments efficaces existent pour traiter ces affections, mais que les populations exposées sont souvent peu solvables. C'est en particulier le cas du sida qui continue de dévaster le continent africain alors que des traitements de trithérapie sont disponibles en Europe et aux États-Unis. L'augmentation de l'espérance de vie de la population conduit aussi à voir augmenter le nombre de maladies dégénératives (maladie de Parkinson, d'Alzheimer...) ou liées à des cancers. L'enjeu pour la chimie va donc être de développer des molécules génériques efficaces et transposables en production sur des quantités importantes. Et cela devra dorénavant se faire à partir de matières premières renouvelables (végétales, biotechnologie...) ou facilement accessibles par des voies de synthèse chimique. Tout cela dans un contexte global de rentabilité et de sécurité sanitaire afin de ne pas mettre sur le marché des molécules ou des médicaments potentiellement toxiques.

Produire de l'eau potable

A l'heure actuelle, environ deux millions de personnes meurent dans le monde chaque année du fait d'un accès limité ou insuffisant à de l'eau potable. Certaines zones du monde, comme le pourtour méditerranéen, le Moyen-Orient et certaines zones d'Asie, sont en situation de stress hydrique et payent ainsi un lourd tribut en mortalité infantile.

Le problème majeur est que les réserves en eau potable sont inégalement réparties à la surface de la planète, et là aussi l'évolution démographique peut aggraver localement des situations déjà précaires. De plus, à cette urbanisation galopante se couple aussi souvent le manque de traitement et de recyclage des eaux usées. Cela conduit à augmenter la raréfaction en eau potable et aussi à propager des pathologies sévères, comme le typhus, chez les jeunes enfants ou les personnes âgées.

Notre planète est recouverte aux trois-quarts par les océans, aussi est-il tentant d'imaginer récupérer cette eau salée pour produire de l'eau potable en quantité suffisante pour tous. C'est à ce niveau que la chimie est attendue pour développer des procédés de filtration performants et peu coûteux en termes d'énergie. Ces mêmes procédés devront aisément être mis en œuvre pour le recyclage des eaux usées. Et pour permettre la distribution d'eau potable dans des conditions sanitaires suffisantes, la chimie du chlore est attendue en tout point de la planète.

Produire de l'énergie

La production d'énergie est capitale dans notre quotidien puisqu'elle concerne notre habitat, nos transports mais aussi notre industrie. Le niveau d'accès d'une population à l'énergie conditionne l'espérance de vie de cette population. Avoir un accès suffisant à l'énergie permet de pouvoir se chauffer en hiver. Cela permet aussi de garantir une chaîne du froid pour conserver nos aliments et nos médicaments. Enfin cela permet de faire fonctionner des hôpitaux (et des ambulances), des écoles (et des transports scolaires) ainsi que des usines d'engrais, de potabilisation d'eau, de production de médicaments… L'énergie est donc indispensable pour répondre aux trois précédentes questions tout en nous permettant de nous déplacer et d'avoir accès à l'éducation et à la culture.

Sur la question de l'énergie, le XIXe siècle fut le siècle du charbon et le XXe celui du pétrole. Qu'en sera-t-il pour le XXIe siècle ? Certains se hasardent à baptiser notre siècle naissant comme le siècle de l'hydrogène ou celui de l'électricité (qui n'est d'ailleurs pas une matière première). Il pourrait tout aussi bien être celui de la fusion nucléaire ou celui de la gazéification de la biomasse… Vous l'avez compris, l'énergie qui fera avancer notre siècle prendra toutes les formes imaginables et devra, si possible, être renouvelable et non émettrice de gaz à effet de serre. Alimenter une industrie lourde ou bien un village reculé ne nécessitera sûrement pas le même type d'énergie. Aussi toutes les formes de production doivent-elles être envisagées pour disposer d'un mix énergétique disponible partout et au moment où nous en avons besoin. Nos véhicules personnels commencent déjà à avoir le choix entre l'électricité et le pétrole…

La chimie tient déjà une place majeure dans tous les procédés de production et de stockage d'énergie. Augmenter l'offre de production d'énergie, c'est lui demander encore plus.

Protéger l'environnement

Ce dernier domaine – totalement transversal aux quatre précédents enjeux – semble récent. En réalité, il ne l'est pas.

C'est sa prise en compte qui est récente : elle date du siècle précédent, lorsque Paul Valéry a poétiquement déclaré que « nous rentrons dans un monde fini ». Notre planète possède des ressources finies en eau, en énergie fossile, en matières premières de toutes sortes. Cette constatation, pourtant évidente, nous a amenés à réfléchir à l'impact des activités humaines sur la préservation de notre environnement, en termes d'épuisement des ressources fossiles et de production de rejets urbains et industriels, mais aussi sur le changement climatique. La planète et l'humanité ne seront durables que si nous sommes capables de produire toujours plus en protégeant notre environnement. Là aussi, la chimie aura un rôle déterminant à jouer…

Voilà donc quatre grands enjeux (ou domaines), plus un cinquième transversal et incontournable, qui constituent un véritable casse-tête géopolitique. À cette équation déjà compliquée, il faut ajouter la perspective démographique d'une population terrestre qui devrait passer de 6 milliards à 9 milliards d'habitants en 2050.

Pour envisager un futur durable, la chimie sera présente à tous les niveaux de l'activité humaine. Cela ne sera sûrement pas la chimie industrielle que nous avons connue au siècle précédent, mais plutôt une chimie capable de vivre un paradoxe. Celui de la chimie verte qui, au service des quatre grands enjeux de notre société humaine et au service de l'environnement, n'a pas d'autres perspectives que de devenir irrémédiablement durable.

La chimie verte et les enjeux du nouveau millénaire

Pour répondre à la question paradoxale : comment concilier industrie chimique de masse et limitation de l'impact de la chimie sur les hommes et sur l'environnement ?, il a donc fallu imaginer une chimie qui devienne un outil majeur du développement durable.

Cette chimie complètement repensée en termes d'impact et de rentabilité, mais aussi en termes d'intérêt pour la société, a eu pour conséquence d'envisager les processus chimiques dans leur globalité, et pas uniquement l'étape de réaction ou de conversion, celle qui crée la valeur ajoutée commerciale.

Le développement de la chimie verte…

Au début des années 1990, aux États-Unis, l'administration de George Bush senior fait voter par le Congrès le « Pollution

Prevention Act». Le gouvernement américain demande alors à l'Environmental Protection Agency (EPA) de développer et de coordonner une stratégie de prévention de la pollution, mais aussi de développer des modèles de réduction des déchets à la source. La loi stipule que les propriétaires et exploitants d'installations de fabrication de produits chimiques doivent rédiger un rapport annuel sur la réduction des déchets à la source et sur leur recyclage effectif. La loi autorise l'EPA à collecter et à analyser les données recueillies dans ce cadre de prévention de la pollution. Les données étant publiques, elles seront partagées par tous : les nouvelles approches et les bonnes pratiques visant à rendre les procédés moins dangereux pour la santé et l'environnement vont donc rapidement se répandre.

Dans le cadre de la loi, l'EPA va ainsi créer le Bureau de prévention de la pollution et des produits toxiques (Office of Pollution Prevention and Toxics - OPPT) pour explorer les voies de développement et d'optimisation des produits chimiques afin de les rendre moins dangereux pour la santé humaine et l'environnement. L'OPPT lança en 1991 un programme de recherche extrêmement ambitieux, l'*Alternative Synthetic Pathways for Pollution Prevention*, qui constitua une rupture. En effet, jamais auparavant des financements de recherche n'avaient été distribués avec cette ampleur pour étudier la prévention de la pollution chimique *dès* la conception des procédés de synthèse des produits chimiques.

L'EPA était donc à cette époque un lieu de réflexion et d'échange sans précédent, et en son sein, un chimiste, Paul

Anastas, s'est distingué pour devenir le père de la chimie verte, traduction littérale de « *Green Chemistry* ».

Entré à l'EPA en 1989, il fut chef de la branche Chimie industrielle et directeur du programme américain de chimie verte. En 1999, il devint conseiller à la Maison-Blanche.

En 1996, avec sa collègue de l'OPPT, Tracy Williamson, il rédige un article célèbre intitulé « *Green Chemistry: A Review* ». Ensemble, ils définissent clairement la chimie verte comme une approche de la synthèse, de la conversion et du traitement de produits chimiques qui prenne en compte la réduction des risques pour la santé humaine et l'environnement. Ils démontrent que beaucoup de produits chimiques innovants ont, dans les années 1990, été développés dans cet esprit. Ces approches comprennent à la fois des nouvelles voies de synthèse et de procédés innovants ainsi que de nouveaux outils pédagogiques pour former les futurs chimistes. La vision de Paul Anastas et de Tracy Williamson fut d'imaginer que cette chimie devait intégrer globalement la recherche, l'enseignement, mais aussi l'approche sociétale.

En 1998, Paul Anastas et John Warner, un autre chimiste spécialiste des plastiques biodégradables, publient un livre fondateur : *Green Chemistry: Theory and Practice*.

Les deux auteurs proposent la première définition concise et pertinente de la chimie verte, en 12 principes fondateurs. La conception globale de procédés chimiques est portée par une réflexion appuyée sur l'élimination à la source des déchets plutôt que de les traiter en fin de procédé.

L'apparition de molécules alternatives en remplacement des solvants organiques toxiques est aussi abordée.

Depuis bientôt 15 ans, ces principes sont discutés, disséqués et remis en cause dans tous les congrès de chimie verte de la planète. Pourtant ils sont toujours là, démontrant une robustesse étonnante. Le secret de cette vitalité ? Je pense que c'est le bon sens et la simplicité qui ont prévalu à la rédaction de ces véritables « tables de la loi » qui en expliquent la longévité.

Pour en avoir parlé avec Paul Anastas lui-même, ce dernier s'est toujours positionné en rupture avec ce qui a été fait, s'attachant à approcher un phénomène par un angle qui n'a pas encore été testé. C'est ce qu'il appelle la « disruption » : un catalyseur de pensées, inventé pour le marketing, mais qui, étonnamment, s'applique aussi à la science, qui doit lutter en permanence contre l'uniformisation des idées et anticiper les besoins futurs.

Et parfois, cela fait mal. Lors du congrès international de Green Chemistry à Pékin en 2009, nous prenions ensemble notre petit déjeuner dans un hôtel du congrès et parlions de disruption. Des centaines de chercheurs, dont moi, travaillent depuis plus de 20 ans sur les fluides supercritiques pour extraire des molécules végétales sans utiliser des solvants organiques tels que le benzène ou le chloroforme. Promoteur de l'utilisation des fluides supercritiques depuis de nombreuses années, Paul Anastas m'écoutait parler du succès industriel du café décaféiné par CO_2 supercritique. Selon lui, la rupture n'est plus d'utiliser du CO_2 supercritique pour traiter le café, mais de faire pousser du café sélectionné génétiquement et qui est déjà décaféiné. Ma tasse à la main, je l'écoutais me parler tranquillement du fait que certains de mes travaux devenaient donc intellectuellement obsolètes, et en tournant dans tous les sens les arguments, et ma cuillère dans la tasse de café, il devenait évident que je n'avais rien à lui opposer. Paul Anastas continue d'être un agitateur efficace d'idées, et, en les focalisant, il est capable d'en extraire une vision, celle de la chimie verte…

Quelle est la disruption initiale amenée par la chimie verte ?

Cette rupture vient du fait que les 12 principes que nous allons voir ensemble ne s'adressent pas uniquement à une opération de synthèse ou de transformation chimique, mais à la globalité des processus chimiques, depuis l'utilisation de matières premières jusqu'à la production de déchets. Certes, l'opération de synthèse ou de transformation est celle qui est économiquement rentable, mais elle n'est qu'une étape au sein du processus qui, lui, a un impact sociétal et environnemental.

Quels sont donc ces 12 principes ?

Les 12 principes fondateurs de la chimie verte

1. *Prévenir la pollution à la source* : c'est imaginer un procédé chimique qui évite la production de futurs résidus qui deviendront des déchets

2. *Économiser la matière première* : l'économie d'atomes, c'est être capable, au sein d'une même matière première,

de récupérer toutes les molécules utilisables pour diverses applications dans l'énergie, la cosmétique, l'agro-alimentaire. Il faut pour cela des outils de séparation très puissants.

3. *Travailler dans des conditions plus sûres* : c'est envisageable grâce à l'utilisation de conditions opératoires douces (température ambiante, faible pression…) et l'utilisation préférentielle de produits peu ou pas toxiques pour l'homme et l'environnement.

4. *Concevoir des produits chimiques moins toxiques* : il faut mettre au point de nouvelles molécules à la fois plus efficaces et non toxiques. L'innocuité est évaluée par des études toxicologiques à l'échelle cellulaire et au niveau de l'organisme.

5. *Utiliser des solvants non toxiques* : c'est rechercher des alternatives aux solvants organiques toxiques et polluants, tels que le benzène, le chloroforme, le trichloréthylène, produits chimiques de sinistre réputation.

6. *Économiser l'énergie* : c'est limiter les dépenses énergétiques et mettre au point de nouveaux matériaux efficaces pour le stockage de l'énergie. C'est aussi rechercher de nouvelles sources d'énergie à faible teneur en carbone pour générer de faibles émissions de gaz à effet de serre.

7. *Utiliser des ressources renouvelables* : c'est préférable à l'utilisation de ressources fossiles. La biomasse, qui représente l'ensemble de la matière organique qui compose les plantes, les arbres, les déchets animaux, agricoles ou urbains, peut judicieusement servir de matière première renouvelable. Dans le même esprit, ce concept peut être étendu à l'utilisation d'énergie renouvelable.

8. *Réduire l'utilisation de molécules intermédiaires*: c'est préférer (lorsque c'est possible) mettre en œuvre des réactions directes. En effet, les étapes intermédiaires consomment des produits chimiques qui vont, fatalement, devenir des déchets.

9. *Préférer les procédés catalytiques aux procédés classiques*: un catalyseur est une substance rajoutée à une solution chimique et qui rend possible une réaction chimique. Il accélère la vitesse de réaction en abaissant l'énergie nécessaire à apporter pour que deux molécules réagissent entres elles. Le catalyseur sort inchangé du processus chimique, il est donc recyclable. Outre les catalyseurs chimiques, les enzymes sont des catalyseurs biochimiques rendant possibles des réactions microbiologiques utilisables en biotechnologie.

10. *Concevoir un produit chimique en vue de sa dégradation finale*: un produit chimique finira irrémédiablement par devenir un déchet. Lorsque cela est possible, il vaut mieux le concevoir avec l'idée que tout ou partie du déchet qu'il va devenir peut être recyclé. Il doit de plus être conçu de manière à ce que sa dégradation future, naturelle ou accélérée, ne conduise pas à la création de sous-produits dangereux.

11. *Analyser en temps réel les produits chimiques et leur empreinte dans l'environnement*: c'est prévenir la pollution, en contrôlant le suivi direct des réactions chimiques. Il faut être capable de détecter et de quantifier la présence d'agents chimiques et biologiques réputés toxiques, même à l'état de traces.

12. *Développer une chimie fondamentalement plus sûre* : c'est choisir judicieusement les matières premières chimiques pour prévenir les accidents, explosions, incendies et les émissions de composés dangereux. La forme du produit chimique est en outre importante : une molécule gazeuse diffuse plus dans l'environnement que la même molécule sous forme solide…

Les 4 étapes d'une réaction chimique

D'un point de vue pédagogique, ces principes sont souvent indigestes à présenter aux non-initiés. Lors de diverses conférences que j'ai été amené à faire à des non-chimistes, j'ai bien compris que, pour les rendre plus accessibles, il faudrait les « métaboliser », les transformer en quelque chose de plus intuitif.

Ce qui est facile à imaginer, même si la chimie reste un lointain souvenir de collège, c'est qu'une réaction chimique va toujours se faire selon un ordre chronologique immuable, en 4 étapes. Et ce même en fabriquant un produit chimique simple, une mayonnaise :
– D'abord, il faut partir de matières premières. Ces dernières peuvent avoir des origines diverses et prendre des formes multiples. Il faut préférer les matières premières renouvelables à celles d'origine fossile. Chaque matière première prélevée dans l'environnement doit de plus être appauvrie au maximum : cela veut dire qu'il faut récupérer toutes les molécules présentes, même si elles ont des finalités différentes. Si vous cassez un œuf, le jaune va servir à faire

une mayonnaise alors qu'on ne perdra pas les blancs, qui, une fois montés en neige, seront incorporés dans la mousse au chocolat.

– Toute opération de chimie nécessite la mise en solution dans un solvant, un liquide qui a la propriété de dissoudre les molécules présentes dans les matières premières et de diluer d'autres substances sans les modifier chimiquement et sans lui-même se modifier. L'eau est le solvant le plus courant, mais nous verrons dans les chapitres suivants qu'il en existe d'autres. L'huile, par exemple, est, elle, capable de solubiliser les molécules issues des corps gras, les lipides présents dans un jaune d'œuf.

– Au mélange solvant + molécule, il faut souvent apporter de l'énergie pour enclencher la réaction proprement dite. Cette énergie peut être apportée sous forme de chaleur, de pression, d'agitation… Si vous mélangez uniquement un jaune d'œuf et de l'huile, vous n'avez aucune chance d'obtenir autre chose qu'une mixture sans intérêt. C'est bien parce que vous apportez de l'énergie avec votre poignet ou un batteur électrique que la transformation s'opère et que vous obtenez une mayonnaise…

– Enfin, une fois récupérés les produits de la réaction, ce qui va rester, c'est souvent un mélange de solvant en excès et de déchets à gérer. Pour votre mayonnaise, il faut juste imaginer que les coquilles d'œufs sont des déchets ultimes, dans ce cas précis faciles à gérer.

Ce que je vous propose maintenant, c'est de suivre cette chronologie pour que nous découvrions ensemble où va s'intégrer la chimie verte. En pratique, ces 4 étapes vont définir 4 axes de recherche et développement extrêmement actifs au sein de la communauté scientifique internationale.

La gestion des matières premières pour l'industrie chimique

Trouver des remplaçants au sacro-saint pétrole

Cet axe est la combinaison de plusieurs principes : il faut utiliser au mieux les matières premières, si possible renouvelables, qui, transformées, doivent se retrouver le plus largement possible dans le produit final, limitant ainsi la production de sous-produits et de déchets.

Au début de la révolution industrielle, un chercheur visionnaire a perçu l'importance du pétrole, en temps que matière première, pour le rayonnement et la richesse de son pays. C'est Dimitri Mendeleïev, le père du tableau périodique des éléments, qui, en 1882, écrit ces quelques lignes à Alexandre III, tsar de toutes les Russies : « *Ce matériel est trop précieux pour être brûlé ; quand nous brûlons du pétrole, nous brûlons de l'argent ; il faut l'utiliser comme matière première de la synthèse chimique.* »

En effet, lors du raffinage du pétrole, l'opération de distillation atmosphérique amène à la fabrication de différentes familles de composés chimiques, appelées aussi « coupes pétrolières ». C'est le cas de la coupe appelée « naphta total », qui peut ensuite être traitée en température dans une installation appelée « vapocraqueur ». Le craquage à la vapeur du naphta permet de couper les chaînes d'hydrocarbures en molécules plus courtes, plus fragiles, qui pourront ensuite être recombinées comme des pièces d'un nouveau puzzle et transformées, par exemple, en matières plastiques. Ces matériaux sont ensuite utilisés dans les industries du bâtiment, électrique, électronique, textile, automobile, aéronautique. Un vapocraqueur permet, par exemple, de produire de l'éthylène et du propylène, éléments de base du polypropylène et du polyéthylène. Ces deux matériaux plastiques, que nous rencontrons tous les jours, depuis nos pare-chocs de voitures jusqu'aux emballages alimentaires, sont à la base de l'industrie chimique.

L'éthylène (C_2H_4) et le propylène (C_3H_6) sont des hydrocarbures insaturés : dans leur formule chimique, il y a moins d'hydrogène (H) que dans la formule générique C_nH_{2n+2}. Les atomes de carbone (C) y sont liés entre eux par ce que nous appelons des « doubles liaisons ». Ces doubles liaisons sont très réactives, c'est-à-dire qu'elles ont tendance à s'ouvrir facilement. Éthylène et propylène vont donc pouvoir réagir fortement avec d'autres molécules et fabriquer, par exemple des principes actifs pour l'industrie cosmétique ou pharmaceutique.

L'industrie chimique existe depuis environ 150 ans et son histoire est intimement liée à celle du pétrole, du gaz naturel et du charbon, des ressources fossiles non renouvelables. À l'origine de cela existent des textes fondateurs. Aimé Girard, chimiste au Conservatoire des arts et métiers, et Charles Louis Barreswil publient ensemble, entre 1861 et 1863, les trois tomes de leur *Dictionnaire de chimie industrielle*. Ces ouvrages sont étonnants de modernité puisque leurs sommaires balaient les différents domaines que nous connaissons aujourd'hui. Nous retrouvons les combustibles, les solvants, les résines, les fibres synthétiques, les polymères (caoutchouc, élastomères...), les pigments, les colorants, les engrais, les produits alimentaires, cosmétiques et même pharmaceutiques... Cette liste à la Prévert, nous la connaissons bien : nous vivons avec elle au quotidien.

Au début du XXIe siècle, le pétrole est toujours la matière première phare de la chimie, mais nous avons pris conscience que cette ressource fossile est forcément limitée et que cette matière première doit être utilisée avec parcimonie et si possible remplacée par des matières premières renouvelables.

Ainsi la chimie s'est-elle assez naturellement orientée vers l'utilisation de matières premières d'origine végétale. Il faut d'ailleurs noter une exception culturelle française qui fait que l'expression « chimie verte » a longtemps été synonyme de « chimie du végétal ». L'appropriation de ce terme par l'INRA doit expliquer cette situation. Pour ajouter à la confusion, à « chimie verte », le CNRS préfère « chimie durable ».

Au-delà de la sémantique des grands organismes de recherche français, la chimie du végétal est une partie très importante de la chimie verte, mais pas la chimie verte dans son ensemble.

Aussi, pour anticiper l'épuisement programmé du pétrole et pour répondre aux impératifs environnementaux actuels, les industries chimiques recherchent-elles des matières premières alternatives pour répondre à nos besoins quotidiens. C'est un vaste champ de recherche et d'innovation prometteur pour une chimie plus durable : nous sommes au début de l'ère des bioproduits.

Bioproduits et chimie du végétal

Les bioproduits, c'est-à-dire les biocarburants, les bioplastiques... sont des produits ou des matériaux issus de matières premières végétales. D'un point de vue environnemental, le bénéfice est double. En effet, les végétaux sont, par définition, « renouvelables » et, via la photosynthèse, consomment du CO_2 pour croître, ce qui fait moins de dioxyde de carbone dans l'atmosphère. Et lorsqu'ils deviennent des déchets, ils sont, par définition, biodégradables.

Dès 1968, Georges S. Hammond, chimiste américain spécialiste des réactions complexes, indiquait que l'objectif le plus fondamental pour la synthèse chimique n'était pas de produire de nouvelles molécules, mais de produire de nouvelles propriétés. Il importait de ne pas synthétiser à tout prix de nouvelles molécules, mais d'utiliser plutôt ce qui existe déjà, si possible des molécules d'origine renouvelable. Selon lui, l'objectif, pour les chercheurs, est, à partir de molécules naturelles existantes, de conjuguer propriétés physico-chimiques avec performance technique et respect de l'environnement. Il s'agit par exemple de fabriquer des bioplastiques à partir de matières premières renouvelables, avec au final des performances au moins équivalentes à celles du plastique classique. Il s'agit de gagner sur les deux tableaux: le qualificatif «bioproduit» indique ici que le plastique est d'origine renouvelable et ses nouvelles propriétés font qu'il est plus résistant par rapport à celui obtenu à partir du pétrole, plus facile à mettre en forme et, surtout, biodégradable.

La chimie du végétal est née après la Seconde Guerre mondiale, dans le monde des bioplastiques. En 1947, des chimistes français ont réussi à synthétiser le «PA11» un polymère de type polyamide et produit à partir d'huile de ricin. Ce polymère, toujours distribué par la société française Arkema sous la marque Rilsan®, est le concurrent direct du Nylon® qui est, lui, produit à partir de la pétrochimie. Le Rilsan® est produit sous forme de fibres qui, une fois tressées, vont permettre de fabriquer des conduites, des tuyaux légers et faciles à transporter qui ont des propriétés remarquables de résistance à la chaleur, aux produits chimiques, aux chocs et à l'abrasion. Aussi, les domaines d'application sont-ils multiples: ils touchent le mobilier de jardin, l'automobile, les sièges de stade, l'électroménager, la télévision, le téléphone, les chaussures de sport, les selles de vélo, l'aéronautique...

Utiliser les bioplastiques permet aux entreprises d'aborder un nouveau domaine: l'éco-conception, c'est-à-dire la conception et la mise sur le marché de produits plus respectueux de l'environnement tout au long de leur cycle de vie, depuis l'exploitation des matières premières jusqu'à la production de déchets ...

La société Arkema indique que le développement durable est une priorité stratégique: les bioplastiques représentent déjà 20 % de son activité « polymères techniques » et mobilisent plus de 25 % des efforts de R&D de cette même entité. Une troisième génération de bioplastiques, renouvelable mais aussi recyclable, est déjà à l'étude.

Selon Arkema, le ricin est planté exclusivement dans des zones semi-arides, comme au Costa Rica, où aucun autre produit alimentaire ne pourrait pousser. Le développement du ricin ne concurrence donc pas la culture de produits alimentaires, mais permet au contraire de favoriser le développement local et les revenus des agriculteurs de ces zones jusqu'ici peu exploitées.

Pourtant, la question reste entière. La limitation de la chimie du végétal est liée à notre capacité à ne pas concurrencer les cultures de produits alimentaires. C'est ce constat qui va faire disparaître les biocarburants de première génération, produits à partir d'huiles de tournesol ou de colza, au profit des carburants de deuxième génération, produits à partir de la biomasse et des déchets végétaux.

Des algues dans les raffineries…

Dans la chimie du végétal, une matière première est en train de monter en puissance : ce sont les microalgues, qui, dans le monde, font l'objet de recherches soutenues.

Des chercheurs français du CNRS, du CEA, des universités et centres de recherche nationaux se sont ainsi fédérés autour du projet Salinalague, que nous détaillerons dans un prochain chapitre. L'idée est de faire pousser une microalgue qui puisse contenir jusqu'à 60 % de matières grasses, des lipides qui peuvent servir de molécules de base pour la pharmacie ou la cosmétique ou qui pourront servir à fabriquer des biocarburants dits de 3e génération.

Ces microalgues ne rentrent pas en compétition avec des cultures alimentaires et elles vont sûrement permettre d'amplifier le concept de bioraffineries.

Mon ami Sylvain Caillol, responsable de la chaire ChemSud à l'École nationale de chimie de Montpellier, est un ardent défenseur des bioraffineries, véritables usines intégrées, qui, au même endroit, peuvent utiliser indifféremment diverses matières premières végétales et mobiliser à la demande différents procédés industriels pour produire des biocarburants, des produits alimentaires, des biomatériaux et de l'énergie à partir de la biomasse résiduelle.

L'idée est de transférer le concept de raffinerie de pétrole vers celui d'une raffinerie de matière végétale. En Europe, 4 types de bioraffineries existent déjà dans les domaines de la biomasse, de la lignocellulose, des céréales ou bien des graines oléagineuses. Les microalgues vont sûrement constituer un cinquième axe prometteur.

Pourquoi ne pas avoir développé les bioraffineries plus tôt ? Pour beaucoup de raisons, liées aux marchés et aux lobbies, mais aussi parce que nous commençons seulement à posséder les outils techniques efficaces pour les faire marcher.

Un exemple ? Dans une solution obtenue à partir d'une source végétale, vous avez un mélange de différentes molécules, de tailles et de formes différentes. Séparer les molécules qui vont avoir des destins différents –

alimentation, pharmacie ou énergie – nécessite des outils extrêmement sélectifs. Ces outils existent, ce sont les membranes de filtration tangentielle : ces « passoires », ou plus exactement ces tamis moléculaires, peuvent présenter des trous de petites tailles, parfois de l'ordre du nanomètre (le milliardième de mètre). Il a fallu attendre le début des années 1990 pour voir commercialiser ces membranes dites de « nanofiltration ». Outils performants de tri de la matière première, ils permettent de répondre au second principe, celui de l'économie d'atomes. Nous verrons bien d'autres applications des membranes dans les chapitres suivants.

Les produits chimiques : les solvants et les auxiliaires de réaction

Il n'est pas possible d'envisager de faire de la chimie sans utiliser de solvants. Dans le monde de la chimie, les solvants appartiennent uniquement à deux familles : les solvants aqueux et les solvants organiques.

Imaginez que vous êtes en train de faire une vinaigrette : vous avez une phase aqueuse, le vinaigre, et une phase organique, l'huile. Vous savez que si vous agitez votre vinaigrette de toutes vos forces et que vous attendez un peu, vous verrez les deux phases se séparer. Les phases aqueuses et organiques sont dites « immiscibles ».

Si vous ajoutez un ingrédient dans votre vinaigrette, il va se solubiliser soit dans le vinaigre, soit dans l'huile, mais pas dans les deux. Pour un composé chimique, la nature du solvant dans lequel il va se solubiliser fait partie de sa carte d'identité : il est soit polaire (soluble dans l'eau), soit apolaire (soluble dans les solvants organiques).

L'eau en tant que solvant ne pose pas de problème environnemental en termes de rejet et d'impact. L'eau fait partie de la vie et nous sommes nous-mêmes constitués de 70 % d'eau. Ce qui pose problème, c'est la raréfaction de l'eau et la capacité que nous avons à la recycler et à la réutiliser. Nous y reviendrons.

Pour les solvants organiques, c'est un autre problème.

Les solvants organiques, omniprésents, problématiques

Les composés apolaires étant nombreux dans l'industrie, l'utilisation des solvants organiques est répandue depuis 150 ans et des milliers sont utilisés dans l'industrie. Or, selon l'Institut national de recherche et de sécurité (INRS), aucun solvant organique n'est inoffensif.

Les solvants organiques sont des hydrocarbures – des molécules formées d'atomes de carbone et d'hydrogène. Il en existe 8 principales familles, auxquelles s'ajoutent quelques solvants particuliers :

– Hydrocarbures aromatiques : benzène, toluène, xylènes, cumène…

– Solvants pétroliers (hors hydrocarbures aromatiques) : alcanes, alcènes…

– Alcools : méthanol, éthanol, glycols…

– Cétones : acétone, méthyéthylcétone…

– Esters : acétates, agrosolvants…
– Éthers : éther éthylique, THF, dioxane…
– Éther de glycol.
– Hydrocarbures halogénés : chlorés, bromés ou fluorés.
– Solvants particuliers : amines, amides, terpènes…

Certains vous sont connus et pas forcément pour de bonnes raisons – ainsi du benzène. Ces différents solvants ont plusieurs fonctions possibles. Principalement, ils peuvent servir de :
– dégraissants : nettoyage des métaux, des textiles…
– additifs et diluants : peintures, vernis, encres, colles, pesticides…
– décapants : élimination des peintures, vernis, colles…
– purifiants ou extractants : produits alimentaires, parfums, médicaments.

L'industrie des peintures a longtemps consommé près de la moitié des solvants organiques industriels. L'industrie pharmaceutique et celle de la cosmétique en consomment elles aussi une quantité importante, tout comme l'industrie des adhésifs et celle des encres d'imprimerie – sans oublier le décolletage, le nettoyage industriel des matériaux. Les pressings consomment eux aussi beaucoup de solvants.

Après utilisation, les solvants sont soit incinérés – et cela permet de récupérer de l'énergie –, soit recyclés et réutilisés dans le même procédé à de nombreuses reprises. La réglementation concernant le recyclage des solvants s'est durcie depuis quelques années et les contraintes de sécurité lors du recyclage sont fortes car, du fait de leur volatilité, les solvants organiques vont s'évaporer facilement dans le cadre de leur utilisation comme de leur recyclage.

Outre que les solvants, largement inflammables, ont été la cause d'incendies industriels, ils sont aussi nocifs pour notre organisme. Les solvants sont souvent classifiés comme des composés CMR, des composés cancérogènes, mutagènes ou reprotoxiques. En cas d'exposition importante, cela peut conduire à des affections du cœur, des reins, du sang, des poumons, du foie…

Ils peuvent pénétrer dans notre organisme selon trois voies majeures : la voie respiratoire, par inhalation, la voie cutanée, par contact, ou la voie digestive, par adsorption. Selon la dose et l'exposition, les solvants peuvent se fixer dans les tissus ou bien être métabolisés par le foie et être éliminés par les voies naturelles. Mais le foie, qui métabolise toutes les substances étrangères, peut malheureusement produire des sous-produits toxiques…

On pourrait imaginer que cela ne concerne que les opérateurs de l'industrie chimique, ce n'est pas le cas.

Dans les années 1970, l'industrie agro-alimentaire mit sur le marché des quantités importantes de café décaféiné. La caféine est un alcaloïde – un composé plutôt apolaire. C'est aussi un tonicardiaque, un excitant qui peut empêcher de dormir. Pour fabriquer du café décaféiné, des solvants organiques furent utilisés pour débarrasser le café de son alcaloïde : du chloroforme, du dichlorométhane et du benzène…

Les consommateurs réguliers de café décaféiné ont commencé à présenter des affections de type cirrhose du foie. Les traces de solvants résiduelles dans le café ont été rapidement identifiées comme cause majeure de cette affection.

Il apparut rapidement que, pour des raisons sanitaires évidentes, il fallait trouver un autre procédé. Au début des années 1970, la société allemande HAG avait breveté un procédé de décaféination sans solvants organiques et utilisant le CO_2 supercritique. Le dioxyde de carbone sous pression et à température proche de la température ambiante n'est plus solide, liquide ou gazeux : il est en phase supercritique. Dans cet état particulier, il va présenter des propriétés remarquables, et notamment présenter le même pouvoir solvant que celui de l'hexane, un alcane largement utilisé dans l'agro-alimentaire comme ailleurs.

Vous l'avez compris, le CO_2 supercritique, dont des applications seront détaillées dans les chapitres suivants, est, depuis bientôt 40 ans, l'alternative industrielle majeure à l'utilisation des solvants organiques. Cela permet à Général Foods de produire plusieurs dizaines de milliers de tonnes de café décaféiné chaque année (plus connu sous la marque Maxwell®). Nous pouvons continuer à boire du café décaféiné sans crainte...

Le CO_2 supercritique n'est donc pas une curiosité de laboratoire, mais une réalité industrielle : le nettoyage à sec de vêtements aux États-Unis avec la société Hangers, le décolletage de métaux avec la société française Unitech... Et les Japonais de Tohoku University sont en train de développer industriellement un pistolet à peinture sous pression fonctionnant avec du CO_2 supercritique, une révolution dans le domaine de la peinture sans solvant.

L'eau revient quant à elle en force, mais pas dans son état classique. L'eau liquide sous pression présente des propriétés accrues de solvant, plus étendues que pour l'eau liquide classique. Il est donc possible d'envisager de l'utiliser sous pression pour extraire efficacement des composés à partir de végétaux : certains alcaloïdes sont ainsi extraits à partir d'eau sous plusieurs dizaines, voire une centaine de bars. Les recherches sont très avancées sur l'extraction des huiles essentielles, des polyphénols, des anthocyanes et des antioxydants divers.

Depuis une dizaine d'années, les « solvants verts » sont apparus un peu partout dans le monde, notamment en Chine et en Inde, pour servir d'alternative aux solvants classiques. Ce sont souvent des produits très peu volatils, comme les liquides ioniques, et cela permet donc d'éliminer les risques d'inhalation. Les liquides ioniques sont en pratique des « sels fondus » à température ambiante qui ne risquent pas de s'évaporer. Toutefois, la non-toxicité chimique de certains de ces solvants est, selon moi, encore à démontrer.

L'énergie à apporter à la réaction chimique

L'énergie au sens large sera abordée dans un chapitre dédié. L'objectif est, ici, de réfléchir à comment utiliser au mieux l'énergie dans les procédés chimiques, en termes de rendement, d'économie et de source de rejets.

Dans les pays occidentaux, l'énergie est consommée selon trois postes qui sont l'habitat, les transports et les activités industrielles. Les procédés chimiques émargent à ce dernier poste et, comme cela a été évoqué précédemment, le charbon puis le pétrole ont été les sources d'énergie majoritaires de l'industrie chimique.

Car pour qu'une réaction chimique soit réalisée, il faut apporter de l'énergie. Que cela soit une synthèse, une extraction ou une transformation quelconque, l'énergie apportée – souvent sous forme de chaleur – va rendre possible le processus chimique…

La distillation est un procédé majeur en chimie, qui permet de séparer la partie volatile d'un produit de sa partie fixe, en le chauffant. Cette opération est réalisée dans un alambic qui, chez les alchimistes qui l'ont inventé, avait pour fonction d'extraire, à partir de végétaux ou d'animaux, des molécules censées conduire à la « panacée », le médicament universel capable de soigner tous les maux. Plus proche de nous, les alambics servent à produire des spiritueux. À partir d'un vin ou d'un cidre que nous allons chauffer dans un alambic, l'alcool, plus volatile que l'eau, va s'évaporer en premier, sortir de l'alambic sous forme gazeuse, se refroidir et se condenser sous forme liquide. La teneur en alcool se concentre par ce biais, pour produire armagnac, cognac et autre calvados.

Nous l'avons vu précédemment, la distillation est le procédé majeur de la pétrochimie. Une raffinerie est un site où le pétrole est distillé de manière à obtenir les différentes coupes pétrolières, dont le naphta total. Beaucoup de pétrole est brûlé pour fournir la chaleur nécessaire à ces opérations : la facture énergétique est d'environ 8 %, ce qui est colossal.

Chimie et énergie sont donc intimement liées. En 1973, lors du premier choc pétrolier, une inquiétude est née autour de l'approvisionnement en pétrole. La vapeur avec laquelle les procédés de distillation fonctionnent étant produite à partir de ressources fossiles, et ces ressources se raréfiant, des questions se sont posées sur des procédés alternatifs. Aussi la chimie verte a-t-elle mené des réflexions intenses à partir des années 1970.

Et nous retrouvons les membranes et les fluides supercritiques…

Nous l'avons vu, les membranes sont des objets qui permettent, sans ajout de tiers corps, une séparation physique, un fractionnement à température ambiante. La force motrice de la séparation est une pression générée par une pompe. Pour le CO_2 supercritique, c'est la même chose : la séparation (l'extraction) se fait à température proche de 30 °C, avec du gaz carbonique sous pression de plusieurs centaines de bars. Ici aussi, des pompes ou des compresseurs assurent cette fonction.

Pour les procédés membranaires et supercritiques, pompes et compresseurs fonctionnent à l'électricité. Vous comprenez maintenant pourquoi ces deux procédés ont le vent en poupe depuis 1973, surtout dans un pays comme la France où l'électricité est à 80 % d'origine nucléaire. L'utilisation de l'éolien et du photovoltaïque peut aussi permettre d'envisager de mettre en œuvre ces opérations loin des centres énergétiques importants.

L'utilisation des catalyseurs permet elle aussi de faire des économies substantielles en énergie. Depuis des dizaines d'années, l'Institut français du pétrole et des énergies nouvelles (IFPEN) développe avec succès des procédés catalytiques – ce qui a même permis à l'un de ses chercheurs, Yves Chauvin, d'obtenir, en 2005, le prix Nobel de chimie pour la catalyse de la réaction de métathèse des oléfines. Cette réaction consiste à redistribuer les fragments d'une oléfine – un hydrocarbure courant issu du gaz naturel et du pétrole – pour fabriquer d'autres oléfines de valeur ajoutée bien supérieure. Didier Astruc, professeur à l'université de Bordeaux, explique très pédagogiquement que cette réaction ressemble à l'action de deux couples de danseurs qui échangent leurs partenaires. Une oléfine comporte par définition une double liaison entre deux atomes de carbone, double liaison qui représente les bras des danseurs qui vont s'échanger. Grâce au catalyseur, les hydrocarbures sont transformés rapidement, et sans étapes intermédiaires, en polymères. Un vrai gain en énergie et en production de déchets est attendu de ce type de réaction.

Gestion de déchets recyclables et production de déchets ultimes

Cette dernière partie est la plus récente, car c'est elle dont la prise de conscience a été la plus tardive. Pourquoi ? Eh bien parce que économiser de la matière première ou de l'énergie apporte à des industriels des gains immédiats, ce qui motive fortement à s'y intéresser. Gérer des déchets a été pendant longtemps une action financièrement neutre puisque il suffisait de rejeter dans une rivière, d'épandre dans un champ ou d'entreposer dans une décharge ses déchets industriels pour solutionner le problème : l'histoire et les archives regorgent d'exemples de ce type, qui disparaissent des pays industrialisés mais persistent encore en Afrique ou en Asie.

Depuis une vingtaine d'années, le coût du traitement des déchets a énormément augmenté dans les pays occidentaux, ce qui a amené à envisager les déchets non plus comme des résidus, mais comme une nouvelle source d'énergie, via la cogénération, ou de matière première, via le recyclage. Il y aura malgré tout des déchets ultimes qu'il faudra produire en quantités minimales et dans des formes chimiques (solide, liquide ou gazeuse) adaptées limitant leur dissémination dans l'environnement.

Les procédés membranaires ont ici aussi permis de recycler et de valoriser sous forme de matières premières des déchets alimentaires.

Dans l'industrie laitière, lors de la fabrication de fromages, un effluent difficile à gérer est généré : le lactosérum, appelé aussi « petit-lait ». Cet effluent contient beaucoup de sel, ce qui le rend impropre à être transformé en aliments pour bétail et il contient beaucoup de matières organiques, ce qui rend son traitement en tant que déchet ultime onéreux.

La nanofiltration a permis de dessaler le lactosérum et de concentrer la matière organique. Cette dernière est formée de petites molécules – des acides gras, des sucres simples et des acides aminés – à haute valeur ajoutée, qui sont, par exemple, à la base de la *baby food*, les aliments pour bébés. Grâce aux membranes, un déchet est ainsi devenu la base d'un produit valorisé, lequel a financé largement les opérations de traitement de déchets et l'implantation de plusieurs milliers de m^2 de membranes de nanofiltration dans le monde.

Pour le CO_2 supercritique, nous retrouvons des applications similaires. Tout d'abord, vous avez sûrement été confronté un jour au traitement des huiles de friture. Que faire de ces huiles qui contiennent des corps gras non dégradés, les triglycérides, et des produits de dégradation qui peuvent rapidement devenir toxiques ? En couplant les membranes et le CO_2 supercritique, il est possible de séparer ces deux fractions, de réutiliser les triglycérides intacts pour la friture et de concentrer les produits dégradés.

Dans l'industrie de l'huile d'olive, des résidus de désodorisation sont générés en fin de procédé et peuvent représenter 40 % en masse de la matière première. Par CO_2 supercritique, il est possible d'extraire de ces résidus des molécules telles que le squalène et son dérivé stable, le squalane. Comme leurs noms l'indiquent, ces molécules sont des lipides qui ont d'abord été isolés dans le foie des requins, mais qui sont aussi présents dans certaines huiles végétales. Antioxydant puissant, aux vertus antivieillissement cellulaire, le squalène est consommé en complément alimentaire mais aussi utilisé par l'industrie cosmétique dans les crèmes hydratantes.

Rappelez-vous, l'eau sous pression est un très bon solvant. Dans l'industrie agro-alimentaire, la production d'oignons génère d'importantes quantités de déchets. Or, dans les pelures, formées par les couches externes des oignons jaunes ou rouges, se trouvent des quantités significatives de quercétine. L'eau sous pression permet d'extraire ces molécules de la famille des flavonoïdes, qui sont elles aussi de puissants antioxydants qui auraient des vertus antineurodégénératives. Qui aurait pu imaginer que les oignons préviendraient la maladie d'Alzheimer ou de Parkinson…

Vous le voyez, les applications de la chimie verte pour favoriser le recyclage des déchets sont nombreuses et variées. J'aimerais conclure sur le cas des boues rouges qui furent médiatisées en Hongrie (pollution industrielle de grande ampleur) et qui nous concernent aussi puisqu'une usine de production d'alumine existe en France, chez Rio Tinto Alcan, à Gardanne.

Les boues rouges sont les effluents liquides résultant du traitement d'un minerai, la bauxite (qui tire son nom des Baux-de-Provence), par de la soude caustique (NaOH) pour en extraire l'alumine, qui servira à produire l'aluminium. C'est la soude qui, de par son pH très élevé, rend les boues rouges toxiques. Si vous possédez une piscine, son pH doit être autour de 6-7. Avec des boues rouges déversées dans votre piscine, le pH monterait rapidement à 12, ce qui rendrait la baignade plutôt toxique.

Chez Rio Tinto Alcan, la soude est très largement récupérée car c'est économiquement très rentable du fait des quantités consommées, et c'est bien sûr profitable pour l'environnement. Environ 60 % des boues rouges produites sont lavées et neutralisées plusieurs fois. Elles sont ensuite rejetées en mer, via un pipeline de plusieurs dizaines de kilomètres, dans une fosse marine au large de Cassis. Des doutes demeurent sur la composition finale des boues et sur leur remontée vers les eaux de surface. L'autorisation de rejet date des années 1960 et doit s'arrêter en 2015. Il y a fort à parier que sous la pression sociétale et du fait de la stratégie de Rio Tinto Alcan, il n'y aura pas de prolongement de cette autorisation de rejet.

Depuis 20 ans, 40 % de ces boues neutralisées, donc exemptes de soude résiduelle, sont séchées, compactées et transformées en un résidu inerte. Ce produit, la Bauxaline®, est commercialisé par Rio Tinto Alcan pour différents usages environnementaux. Il sert de remblais pour le bâtiment, en horticulture et pour les récifs artificiels car il autorise la revégétalisation. La Bauxaline® sert aussi à combler de vieilles carrières ou à recouvrir d'anciennes décharges, comme celle de Gardanne. Un nouveau débouché écologique est même imaginé : la dépollution de sites, du fait de la capacité de ce résidu à fixer les métaux lourds et les phosphates.

La comparaison entre ce qui existe en Hongrie et en France montre que, pour une même industrie chimique, la gestion des déchets est abordée différemment en fonction des enjeux économiques et sociétaux.

Chimie verte et économie verte

La chimie verte est une réalité, nous pouvons en être les prescripteurs et les chercheurs du monde entier sont déjà en marche. Mais quels vont être les défis à relever ?

En 2000, 189 pays ont convenu ensemble que les États membres de l'Organisation des Nations unies (ONU) se fixaient les Objectifs du millénaire pour le développement (OMD). Concrètement, il s'agissait de se fixer 8 objectifs jugés stratégiques pour les générations actuelles et futures. Cette déclaration, signée en 2000, devait voir ces objectifs se concrétiser en 2015.

Si votre lecture de l'introduction de cet ouvrage est encore fraîche, vous allez voir que toute ressemblance entre ces objectifs et les grands défis auxquels doit se confronter la chimie est tout sauf fortuite.

1. Réduire dans le monde l'extrême pauvreté et la malnutrition. Nous verrons dans le chapitre suivant que c'est en effet un objectif majeur, dans lequel la chimie a un rôle important à jouer.

2. Garantir pour tous un accès à l'éducation de base. C'est un investissement majeur des États et un pas vers la liberté des citoyens. Abraham Lincoln disait en substance : « Si vous trouvez que l'éducation coûte trop cher, essayez l'ignorance »...

3. Promouvoir l'égalité et l'autonomisation des femmes.

4. Réduire la mortalité infantile. Nous verrons dans un prochain chapitre que l'accès à l'eau potable constitue une avancée primordiale dans ce domaine.

5. Améliorer la santé maternelle. Cet objectif est selon moi lié aux deux précédents.

6. Combattre le VIH/sida, le paludisme et d'autres maladies, telles que la tuberculose et le choléra. Nous entrerons dans les détails de cet objectif majeur pour les pays les plus pauvres dans un futur chapitre consacré aux défis thérapeutiques de la chimie.

7. Assurer un environnement humain durable. Le respect de la biodiversité et la limitation de prélèvement des ressources fossiles sont au cœur de cet objectif – auquel la chimie verte est intimement liée.

8. Mettre en place un partenariat mondial pour le développement. Il s'agit ici du thème du développement durable avec ses trois composantes : sociale, économique et environnementale. La chimie sera durable ou ne sera pas.

Le 22 septembre 2010, plus de 140 chefs d'État se sont retrouvés à New York au siège de l'ONU pour, d'une part, réaffirmer leur engagement de 2000 vis-à-vis des OMD – et ce malgré les catastrophes sociales, naturelles et financières qui ont secoué le monde depuis 10 ans – et, d'autre part, faire un premier bilan à 5 ans de l'échéance finale et à l'aune d'un rapport publié en juin 2010.

Selon Ban Ki-moon, secrétaire général de l'ONU, et Joseph Dreiss, président de l'assemblée générale de l'ONU, le bilan est mitigé et les avancées sont jugées encore insuffisantes.

Pour nous en convaincre, nous verrons dans le prochain chapitre qu'environ 925 millions de nos concitoyens planétaires sont condamnés à la malnutrition et à une espérance de vie misérable.

En outre, alors que 2010 fut l'année internationale de la biodiversité, celle-ci recule de manière constante, et cela devient plus que préoccupant. Bien qu'ayant marqué le pas depuis 2000, la déforestation ainsi que la pêche intensive dans toutes les mers du globe contribuent toujours activement à la perte de biodiversité, jugée préoccupante par l'ONU qui appelle à agir en urgence d'ici 2020.

La déforestation agit aussi en diminuant à la surface de la planète la quantité de « poumons verts », les puits de carbone capables d'absorber le CO_2 rejeté par l'activité humaine et, par photosynthèse, de le transformer en nouveaux végétaux et en O_2, indispensable à la vie.

Entre 2000 et 2010, environ 13 millions d'hectares de forêt ont disparu chaque année. Cette perte en puits de carbone et les incendies associés à la déforestation en Asie et en Amérique du Sud ont contribué pour 18 à 25 % aux émissions de gaz à effet de serre. Cet impact sur le changement climatique oblitère notre capacité à inverser la tendance d'un point de vue écologique. Entre 1990 et 2007, les émissions mondiales en CO_2 ont augmenté de 35 %. Cela est aggravé par un profond déséquilibre, les pays les plus développés contribuant à hauteur de 12 tonnes de CO_2 par habitant et par an, alors que les pays les moins développés contribuent à hauteur de 3 tonnes par an. Nous verrons les enjeux de l'énergie décarbonée dans le dernier chapitre, dédié à l'énergie.

Point positif, depuis 1987 et le lancement du désormais célèbre protocole de Montréal, la diminution des rejets des composés chimiques responsables de la destruction de la couche d'ozone a atteint 98 % en 2008.

Que faut-il faire pour améliorer cela ?

Selon Achim Steiner, secrétaire général adjoint des Nations unies et directeur exécutif de l'UNEP (Programme des Nations unies pour l'environnement – PNUE), « il est de plus en plus évident qu'une transition rapide vers une économie verte, pauvre en carbone, respectueuse des ressources et génératrice d'emplois [permettra] non seulement de résoudre les défis de la durabilité du XXIe siècle, mais qu'elle [contribuera] largement à atteindre les autres OMD ». En espérant bien entendu que le « manque d'engagement et de ressources, le déficit de responsabilité des dirigeants, l'insuffisance de soutien technique et de partenariats » déplorés par Ban Ki-moon seront bientôt un lointain souvenir…

Une « économie verte » est forcément une économie qui va faire appel à une chimie de la même couleur. Voyons maintenant plus en détails ce que sera la chimie d'une planète durable.

La chimie pour nourrir 9 milliards d'humains

Réduire l'extrême pauvreté et la malnutrition représente le premier objectif du millénaire pour le développement. Se nourrir, c'est le premier besoin à satisfaire si nous voulons créer une planète durable. Il concerne la mise en œuvre d'une agriculture et d'un élevage capables d'alimenter les populations du monde, soit directement, soit via les usines de transformation de l'industrie agro-alimentaire.

La FAO (Food and Agriculture Organization of the United Nations), une émanation de l'Organisation des Nations unies, a estimé qu'en 2010, 925 millions de personnes souffraient de malnutrition. Ce chiffre est certes en recul par rapport à celui de 2009 – 1023 millions de personnes sous-alimentées –, mais il reste totalement inacceptable.

Même si cette baisse est la première en 15 ans, le nombre de personnes sous-alimentées reste plus élevé que ceux antérieurs aux crises alimentaires et économiques de 2008 et

2009 : cela pénalise donc les objectifs des prochaines années.

En 2010, l'Asie et l'Afrique subsaharienne ont contribué majoritairement à cette diminution : la faim touche aujourd'hui respectivement 80 millions et 12 millions de personnes en moins en Asie et en Afrique subsaharienne. Pourtant, les pays en développement payent encore un lourd tribut à la faim, et l'Asie, le Pacifique et l'Afrique subsaharienne restent les endroits du monde les plus touchés, avec un pourcentage moyen de personnes malnourries de 15 % (pouvant atteindre 30 % en Afrique).

Les pays en crise économique ou politique prolongée vont avoir besoin d'aides considérables pour éradiquer la malnutrition. Dans ces pays qui, de fait, sont actuellement fortement dépendants de l'aide alimentaire, l'agriculture et l'économie rurale sont clairement des secteurs majeurs pour augmenter les moyens de subsistance lors des crises prolongées. Pourtant ces deux secteurs ne bénéficient pas d'une aide proportionnée aux besoins. Selon la FAO, l'agriculture ne reçoit en effet que 4 % de l'aide humanitaire et 3 % de l'aide au développement, alors qu'elle représente environ 30 % du revenu national des pays touchés par une crise prolongée.

Alors, pour nourrir 1 milliard de personnes affamées et à l'horizon de 9 milliards d'habitants attendus vers 2050, l'enjeu est colossal.

Logiquement, les données de 2010 fournies par la FAO montrent que la production agricole mondiale est globalement en croissance constante.

Production mondiale des cultures (en millions de tonnes)

	2007/08	2008/09	2009/10 (estimation)	2010/11 (prévision)
Blé	610,3	683,8	682,4	676,5
Maïs	777,8	819,8	815,1	835,0
Riz	440,2	458,0	455,5	–
Céréales totales	2 131,8	2 282,2	2 253,1	2 279,5
Sucre	167,6	151,1	156,3	–
Graines oléagineuses	403,7	408,7	448,7	–

Source: Various Issues of Food Outlook, FAO, 2010, Rome

Aussi la question se pose-t-elle de savoir comment faire face à cette augmentation attendue de la production. Les réponses seront sans doute multiples. Nous aurons à aborder principalement l'utilisation de produits chimiques tels que les engrais et les pesticides, mais aussi les organismes génétiquement modifiés, les fameux OGM.

Les engrais pour maintenir et accroître l'agriculture

Les engrais sont des substances incorporées à un sol pour en accroître ou en maintenir la productivité. Ces substances chimiques contiennent des sels minéraux en grande quantité et sont utilisées pour obtenir une croissance plus rapide des plantes.

La fertilisation des sols consiste donc à apporter aux végétaux des éléments nutritifs qui vont améliorer la croissance et la qualité des cultures, et, *in fine*, conduire à une augmentation du rendement global de l'agriculture.

La croissance des plantes est liée à une réaction chimique majeure appelée « photosynthèse » : les plantes vont utiliser de l'eau, du gaz carbonique capté dans l'atmosphère, des éléments nutritifs puisés dans le sol et l'énergie des ultraviolets du soleil pour croître et libérer de l'oxygène (O_2), lequel rend la vie possible à la surface de notre planète.

Les éléments nutritifs nécessaires, au nombre de 20 environ, sont des éléments chimiques minéraux. La liste globale que nous pourrions donner est la suivante :

– Les éléments principaux apportés par les engrais « NPK » : azote (N), phosphore (P), potassium (K). L'azote est apporté sous forme de nitrate (NO_3), d'ammoniaque (NH_4) ou d'urée ; le phosphore est apporté sous forme de phosphates et le potassium sous forme de potasse. Ces éléments peuvent être apportés ensemble, individuellement ou deux par deux.

– Les éléments secondaires : calcium (Ca), soufre (S), magnésium (Mg).

– Des oligo-éléments, tels que le fer (Fe), le manganèse (Mn), le molybdène (Mo), le cuivre (Cu), le bore (B), le zinc (Zn), le chlore (Cl), le sodium (Na), le cobalt (Co), le vanadium (V) et le silicium (Si).

Les éléments chimiques principaux, NPK, sont à la base de tous les engrais et nécessaires à l'agriculture extensive car ces trois éléments sont indispensables à la croissance des plantes. En effet, l'azote est favorable à la production de feuilles chez la plante ; le phosphore contribue largement à la production de racines et à la résistance globale de la plante ; enfin, le potassium joue un rôle majeur à la floraison et pour la production et le développement des fruits.

Les éléments secondaires sont, comme les éléments principaux, généralement présents dans les sols en quantité suffisante, sauf dans le cas de sols carencés du fait de leur situation géographique ou d'une utilisation intensive en agriculture, sans jachère. Dans ce cas, l'emploi d'engrais est encore plus nécessaire.

La fertilisation est aussi vieille que l'humanité et l'agriculture puisque dès l'Antiquité, les Égyptiens savaient que les crues du Nil amenaient des limons sur les rives, qui favorisaient la croissance des plantes. La source d'azote majeure pouvait être amenée par le fumier et le purin (riche en urée), le potassium en répandant les cendres de feu de bois ; le phosphore pouvait quant à lui provenir de poudres d'os pilés. Une pratique ancestrale, qui revient d'ailleurs au goût du jour, consiste aussi à enfouir dans le sol des mauvaises herbes – des plantes non comestibles – qui vont conduire à un enrichissement du sol en azote.

Il a fallu attendre la fin du XIXe siècle pour voir apparaître les premiers engrais synthétisés et vendus par l'industrie chimique. À l'heure actuelle, ils ont trois origines : organique, minérale et organo-minérale.

Les engrais organiques ont des origines renouvelables. Ils sont fabriqués à partir des résidus d'animaux provenant des abattoirs ou de l'épandage de boues de stations d'épuration. Cette dernière pratique est en train de reculer dans les pays européens pour des raisons de principe de précaution, la composition des boues d'épandage n'étant pas forcément maîtrisée. Les engrais organiques peuvent aussi provenir de résidus végétaux compostés ou non, ou bien de fumiers ou de lisiers.

Les engrais minéraux proviennent quant à eux de l'exploitation de gisements naturels de potasse ou de phosphate, mais aussi de l'activité de l'industrie chimique. Au premier plan, nous retrouvons les engrais azotés qui sont fabriqués en grande quantité, via la synthèse de l'ammoniac (NH_3), injecté directement dans les sols ou après transformation en ammoniaque, nitrate ou en urée. Pour avoir une idée de l'importance de la synthèse de l'ammoniac au niveau de l'activité humaine, environ 1 % de l'énergie consommée par les êtres humains sert à produire de l'ammoniac, qui fournit la moitié de l'azote nécessaire à l'agriculture planétaire.

Enfin, les engrais organo-minéraux représentent un mélange des deux précédents, la proportion en engrais azotés variant de 25 à 50 %.

Une utilisation massive qui n'est pas sans lourdes conséquences

Tout d'abord, la synthèse de l'ammoniac, nécessaire à la production d'engrais azotés, consomme une très grande quantité d'énergie fossile et génère des quantités importantes de CO_2, un gaz à effet de serre.

Ensuite, l'azote est apporté majoritairement dans les sols sous forme de nitrate – plus précisément sous forme d'un ion nitrate (NO_3^-) qui se solubilise très facilement dans l'eau et va donc se lessiver rapidement, en cas de pluie par exemple. Donc lorsque les engrais sont répandus en trop grande quantité ou lorsque la capacité de rétention des sols est faible, les nitrates sont entraînés vers les nappes phréatiques par infiltration, ou vers les cours d'eau par ruissellement. Cela entraîne une pollution des eaux et une contamination des eaux potables par les nitrates, préjudiciable à la santé des nourrissons et des jeunes enfants.

Il peut aussi en résulter une eutrophisation des cours d'eau, c'est-à-dire une modification et une dégradation d'un milieu aquatique liées à un apport excessif de substances nutritives telles que l'azote, provenant surtout des nitrates. Cela peut notamment entraîner une augmentation de la production d'algues et d'espèces aquatiques. En général, l'excès d'utilisation d'engrais NPK induit une modification des cycles de l'azote, du phosphore et du potassium dans les écosystèmes.

Enfin, l'agriculture intensive induit un appauvrissement des sols et une accélération de l'érosion.

Perspectives alimentaires et environnementales

Les Nations unies ont, par le bais de l'UNEP, réalisé, entre 1972 et 2002, une enquête pour dégager des perspectives environnementales (GEO : Global Environmental Outlook) concernant l'agriculture et l'utilisation des engrais.

C'était bien avant que les préoccupations de chimie verte deviennent prépondérantes et les enseignements à en retenir sont intéressants.

La volonté d'accroître la production vivrière est, depuis 1972, ce qui a le plus contribué à exercer une pression sur les ressources terrestres. Entre 1972 et 2002, 2,2 milliards de bouches supplémentaires à nourrir ont fait leur apparition. Entre 1985 et 1995, l'accroissement de la population a accéléré la production vivrière dans de nombreuses parties du monde, mais cela s'est avéré insuffisant. C'est en particulier le cas de l'Afrique : dans 64 des 105 pays en développement étudiés au cours de cette période, la production vivrière n'a clairement pas suivi l'accroissement de la population.

Encore plus contradictoire, la superficie des terres arables cultivées et des cultures permanentes n'a pas cessé d'augmenter dans les pays en développement, sans que cela suffise, alors que c'est l'inverse pour les pays développés. La diminution des surfaces de terre cultivée dans les pays riches ne s'explique pas par l'indisponibilité des surfaces agricoles, mais par des facteurs économiques, dont la surproduction des principaux produits de base et la baisse des prix agricoles.

Mais revenons à la situation globale. Il manque des terres à cultiver, et il faut donc, via les politiques agricoles et des pratiques souvent inadéquates, accroître la productivité des terres exploitées. De 1972 à 1988, l'utilisation des engrais a en moyenne augmenté de 3,5 % par an dans le monde, soit plus de 4 millions de tonnes par an. Jusque dans les années 80, la fertilité des sols a été principalement améliorée en incorporant des engrais minéraux. Les subventions agricoles ont, via les gouvernements, largement financé le recours aux engrais. Il ressort d'une étude de la FAO de 1999 et portant sur 38 pays en développement que 26 d'entre eux ont subventionné l'utilisation des engrais.

Entre 1972 et 2002, la consommation d'engrais par habitant par an s'est globalement stabilisée en Amérique du Nord, a été divisée d'un facteur 2 en Europe et reste en progression lente mais constante en Asie et en Amérique latine. La consommation en Afrique est, pour des raisons économiques, restée stable.

Plus récemment, la consommation mondiale en engrais NPK a été évaluée par la FAO à 153,8 millions de tonnes en 2005 et à 179,4 millions de tonnes en 2007. Cette année-là, les six premiers pays consommateurs de fertilisants étaient la Chine (46,6 millions de tonnes), les États-Unis (29,2 millions de tonnes), l'Inde (22,6 millions de tonnes), le Brésil (11,3 millions de tonnes) le Canada (4,7 millions de tonnes) et la France (3,8 millions de tonnes). La France est donc le premier pays européen consommateur d'engrais, loin devant l'Allemagne (à la 11e place avec 2,1 millions de tonnes).

Abandonnons le rétroviseur et regardons maintenant devant nous. Les prévisions de consommation mondiale en engrais pour les années 2015 et 2030 s'élèvent respectivement à 187,7 et 223,1 millions de tonnes. Pour tous ces chiffres, cela correspond à une répartition d'environ 60 % d'azote, 25 % de phosphates et 15 % de potasses.

L'augmentation attendue de la production mondiale des cultures sera donc inévitablement suivie par une augmentation globale des engrais utilisés. En effet, cet accroissement de production prévu dans les 20 ans à venir sera lié à un prélèvement massif de NPK dans les sols et il ne pourra être compensé que par l'ajout de fertilisants.

Au-delà de ce scénario d'augmentation globale du recours aux engrais, la FAO met en évidence des évolutions possibles.

Tout d'abord, l'augmentation globale de l'utilisation d'engrais pourrait être aussi fortement amplifiée par l'accroissement de la production de biocarburants, surtout en Chine et en Inde. Nous risquons de voir survenir une compétition entre l'agriculture pour nourrir la planète et celle pour faire tourner nos moteurs. Nous verrons cela plus en détail dans un prochain chapitre.

Ensuite, l'utilisation d'engrais chimiques naturels non modifiés est envisageable. Ainsi, en Afrique, au-delà du NPK (15-15-15) et du diammonium phosphate (DAP), deux engrais chimiques commerciaux utilisés pour la culture du mil, du sorgho et de l'arachide, le phosphate naturel de Tahoua (PNT), constitué de phosphore à l'état brut, est proposé à faible prix. Peu efficace la première année d'application à cause de sa très lente dissolution, il faut attendre deux ou trois ans pour voir la fertilité du sol augmenter. Il peut alors se comparer aux autres produits de synthèse, qui coûtent plus cher et consomment plus d'énergie pour leur fabrication.

Une augmentation notable des engrais azotés d'origine organique est également attendue un peu partout dans le monde, avec le retour des engrais d'origine végétale – sauf aux États-Unis qui préfèrent les produits de synthèse, plus faciles à gérer. Il nous reste donc à revenir aux pratiques ancestrales et augmenter le taux de compost, de fumier, etc. épandus sur nos champs. Il faut aussi selon la FAO continuer les campagnes de formation pour enseigner les bonnes pratiques agricoles en optimisant les quantités d'engrais de façon à limiter les pollutions et l'eutrophisation des écosystèmes. À Madagascar par exemple, une réflexion a été engagée dans les zones rurales. De petites industries y utilisent souvent des ressources locales et génèrent des déchets organiques en quantité significative. Ces déchets coûtent cher à valoriser au niveau national, du fait du coût du transport, mais, localement, ils peuvent être utilisés pour l'agriculture. Les déchets de cuir des usines de pantoufles, de gants ou de vêtements sont un premier exemple. Les débris d'osier, les déchets de café et les résidus de houblon utilisé en brasserie forment aussi une source possible. À cela s'ajoutent les plumes des élevages de volailles, les carcasses des abattoirs… autant de produits chimiques naturels mobilisables localement.

Cela suffira-t-il pour autant à produire assez de nourriture sans pénaliser l'environnement?

Rien n'est moins sûr, car en plus des engrais, dont l'utilisation doit être mieux répartie à la surface de la planète, l'augmentation des volumes agricoles produits va s'accompagner d'un accroissement de l'utilisation des pesticides.

Le non moins délicat problème des pesticides

L'augmentation des rendements et de la régularité de la production agricole est liée aux progrès réalisés dans la protection des plantes. Les pesticides chimiques de synthèse, accessibles et faciles d'emploi, relativement peu coûteux, se sont révélés redoutablement efficaces et fiables dans un grand nombre de cas, surtout pour les grandes surfaces exploitées.

Ces produits phytosanitaires ou phytopharmaceutiques sont pulvérisés sur les cultures agricoles ou dans un environnement donné (une habitation par exemple) pour lutter contre l'apparition et la prolifération des organismes nuisibles. « Pesticide » est en réalité un terme générique qui désigne plusieurs produits ayant des actions spécifiques :

– les insecticides, destinés à tuer les insectes ravageurs, leurs larves et/ou leurs œufs,

– les fongicides, destinés à tuer les champignons parasites,

– les herbicides, employés pour détruire ou limiter la croissance des mauvaises herbes,

– les parasiticides, qui s'attaquent aux vers parasites.

Les pesticides font partie de la famille des produits chimiques appelée « biocide » (« qui tue la vie »). Selon la réglementation européenne, les pesticides peuvent être des régulateurs de la croissance des organismes nuisibles ou des substances qui répondent à des problèmes d'hygiène publique, comme la lutte contre les cafards dans les habitations. Ces produits sont aussi impliqués dans la résolution de problèmes de santé publique – le traitement des insectes parasites comme les poux et les puces, par exemple. Ils s'attaquent aussi à des vecteurs de maladies tels que le paludisme et les bactéries pathogènes de l'eau. Au-delà des cultures et des habitations, les pesticides sont mis en œuvre sur les routes, les aéroports, les voies ferrées, les réseaux électriques...

Les pesticides sont nombreux et il serait difficile de les classer en une typologie simple. Les plus connus sont les composés chimiques de type organochlorés, organophosphorés ou carbamates. La formulation des pesticides est globalement invariante. Une ou plusieurs molécules actives assurent le pouvoir biocide et elles se voient greffer des groupements d'atomes particuliers capables de les rendre solubles dans l'eau ou dans l'huile. Cette solubilité permet aux molécules actives de pénétrer plus ou moins facilement dans les organismes cibles. Les substances actives (les molécules biocides greffées pour être plus solubles) sont diluées dans un solvant ou imprégnées sur un support solide, une éponge par exemple. Cela permet de les manipuler, de contrôler et de diminuer artificiellement la dose administrée.

Nous verrons plus loin que les substances actives sont nombreuses. Leurs modes d'action sont variables :

elles peuvent agir vis-à-vis des organismes nuisibles en empêchant les divisions cellulaires, en perturbant la synthèse des lipides, des glucides ou des protéines, voire les systèmes hormonaux. Elles peuvent aussi agir en tant qu'agents neurotoxiques.

Les risques de l'utilisation des pesticides pour la santé humaine et pour l'environnement

Tout d'abord, pour les agriculteurs, la manipulation de pesticides en forte concentration et/ou sans équipement de protection individuelle entraîne des dommages certains car les pesticides sont des CMR. En France, des études ont montré qu'environ 100 à 200 intoxications aiguës par an sont imputées aux pesticides. Concernant les intoxications chroniques, qui peuvent toucher les agriculteurs, les employés des usines qui fabriquent les pesticides ou toute autre personne exposée, les pathologies sont multiples : pathologies dermatologiques, irritation des voies aériennes et pathologies neurologiques ou cardiaques dans les cas les plus graves.

Bien que leur utilisation soit interdite, certains pesticides comme le DDT ou le lindane sont rémanents dans certains endroits et peuvent continuer à agir longtemps après leur pulvérisation. Or ce sont des perturbateurs endocriniens, au même titre que d'autres molécules médiatisées : les phtalates ou le bisphénol A. Ces agents polluants peuvent, selon l'Union européenne, « *altérer les fonctions du système endocrinien, et donc induire des effets nocifs sur la santé d'un organisme intact, de ses descendants ou sous-populations* ». Ils peuvent en effet imiter, perturber, voire bloquer l'action des hormones naturelles.

Dans certains endroits du monde, les pesticides sont toujours utilisés sans aucune discrimination, parfois même illégalement. Ils sont alors éliminés là où cela est encore possible. Selon une enquête de la FAO consacrée à des pays d'Afrique et du Proche-Orient, les stocks de pesticides indésirables ou interdits représenteraient un volume total de 16 500 tonnes réparties sur un millier de sites dans 49 pays…

Aux dommages pour la santé s'ajoutent donc les conséquences pour l'environnement. Les pesticides et les produits de dégradation peuvent se retrouver plus ou moins longtemps dans tous les compartiments de l'environnement : l'eau, l'air et les sols. Les pesticides rémanents comme le DDT ou le lindane vont s'accumuler et même passer d'un compartiment à l'autre pour, finalement, se retrouver potentiellement sous forme résiduelle dans un verre d'eau ou dans un aliment. Cela explique certaines des atteintes chroniques chez l'homme précédemment décrites. De plus, l'accumulation de pesticides dans l'environnement induit l'apparition par mutation d'une résistance des organismes ravageurs. Aussi, comme pour les traitements antibiotiques chez l'homme, faut-il diversifier les pesticides utilisés, à des doses les plus faibles possibles et dans des zones géographiques circonscrites. Sinon une altération des performances de lutte contre les organismes nuisibles et, surtout, de la biodiversité est possible… La diversité totale de tous les organismes et écosystèmes présents à toutes les échelles, de l'organisme à la planète, forme une richesse, celle de la biodiversité. Modifier la variété des végétaux ou des animaux par l'utilisation massive des pesticides, soit en éliminant totalement une espèce, soit en favorisant l'apparition d'une autre plus résistante, conduit à un appauvrissement de notre patrimoine biologique.

Voilà qui n'est guère réjouissant et qui explique pourquoi notre société pointe du doigt l'utilisation massive des pesticides. Mais en pratique, peut-on diminuer leur utilisation ?

Vers une diminution attendue de l'utilisation des pesticides

En Europe, les pesticides sont formulés puis commercialisés sous forme de différents produits commerciaux ; 6 000 environ sont homologués, mais seulement 40 % sont réellement distribués. À titre comparatif, il existe, dans le monde, environ 100 000 formulations commerciales obtenues à partir de 900 molécules phytosanitaires.

L'homologation des pesticides passe par l'obligation de les inscrire sur une liste positive (où seuls les produits inscrits sont utilisables).

L'Union européenne a également instauré des normes concernant les teneurs maximales en pesticides pour l'eau potable et les aliments. Elle a aussi inscrit les préoccupations environnementales dans la politique agricole commune (PAC), en renforçant les critères toxicologiques et écotoxicologiques pour l'homologation des produits phytosanitaires de la directive européenne de 1993. Une autre directive-cadre sur l'eau fait obligation aux États membres de parvenir d'ici 2015 à un bon état écologique et chimique de leurs masses d'eau.

En 2005, l'INRA et le Cemagref ont coordonné en France une étude intitulée « *Pesticides, agriculture et environnement* » avec, pour objectif, la réduction de l'utilisation des pesticides pour limiter leurs impacts sur l'environnement.

Du fait de la politique agricole commune européenne, l'agriculture française a développé des systèmes de culture intensifs, avec une recherche permanente de hauts rendements, nécessitant un recours massif à des produits phytosanitaires.

La France était ainsi le troisième consommateur mondial de pesticides en 2005, le second en 2006, le troisième en 2007 et le quatrième en 2010. En Europe, la France et les Pays-Bas sont des grands consommateurs de pesticides, avec des quantités utilisées proches de celles des États-Unis pour des surfaces agricoles 10 fois plus faibles !

En 2010, la France était le 1er consommateur de pesticides en Europe, avec une masse totale de 78 000 tonnes de substances chimiques vendues. Les fongicides représentaient 49 % du volume, les herbicides 34 %, les insecticides 3 % et les produits divers 14 %.

La loi française de programmation relative au Grenelle de l'environnement a fixé l'objectif de réduire de 50 % les usages des produits phytopharmaceutiques en 10 ans en accélérant la diffusion de méthodes alternatives sous réserve de leur mise au point.

Pour avancer concrètement, l'INRA et des experts issus de 30 organismes ont, à la demande des ministères en charge de l'Environnement et de l'Agriculture, mis en place dès 2007 le projet *Ecophyto R & D*. Cette étude porte sur les scenarii possibles de cultures économes en pesticides pour quatre grands domaines agricoles : grandes cultures, arboriculture fruitière, viticulture et cultures légumières. Ce qui est intéressant dans cette approche qui va être suivie jusqu'en 2018, c'est l'évaluation de l'impact économique et environnemental du recours à ces scenarii pour la France métropolitaine.

La base de réflexion a été l'année 2006, avec des dépenses en pesticides pour l'agriculture professionnelle de l'ordre de 2,3 milliards d'euros, correspondant pour les deux tiers aux grandes cultures (blé, maïs, tournesol…), poids lourds de l'utilisation de substances chimiques.

La mise en pratique d'une agriculture raisonnée – en adaptant au plus près la quantité de pesticides utilisée aux besoins – permet, lorsqu'elle est couplée à un choix judicieux pour la date de plantation, la densité de semis, la variété à planter, de diminuer de 33 % l'emploi de pesticides.

Si de plus, des techniques alternatives sont utilisées et que la rotation annuelle ou pluriannuelle des variétés de culture (l'assolement) est mise en place, cela permet de réduire les risques de développement des bio-agresseurs et de diminuer leurs conséquences sur la production et la qualité agricoles, tout en préservant la richesse du sol, sa fertilité et l'équilibre de sa composition.

Agriculture raisonnée plus assolement réduisent donc l'usage des pesticides de 49 %. Ces deux stratégies induisent une perte de volume de production liée à la baisse d'utilisation des pesticides de 13 % pour le premier scénario, et de 17 % pour le second. Ces baisses de volume ne correspondent pas forcément à une baisse de revenu pour les agriculteurs puisqu'elles seront liées à un coût moindre en pesticides.

Nous voilà bien dans une logique de chimie verte : économie de la matière première et des atomes, choix des protocoles et des processus chronologiques à mettre en place…

Voilà pour la situation en France, qui peut donner une idée de ce qui se passe dans les autres pays industrialisés. L'usage des pesticides est un problème complexe et tout laisse croire que c'est un mélange de l'ensemble des voies possibles qui permettra un accroissement cohérent de la production agricole mondiale, notamment via le développement d'engrais et de pesticides chimiques avec un impact faible sur l'environnement – nous allons y venir.

Si nous imaginions nous passer complètement des pesticides, et même d'engrais, cela aurait-il un sens ? C'est le cadre de l'agriculture biologique, qui proscrit l'utilisation d'engrais, de pesticides de synthèse et d'organismes génétiquement modifiés.

Un troisième scénario étudié en France implique un abandon total de toutes substances fertilisantes et phytosanitaires de synthèse. La réduction attendue dans la consommation des pesticides serait alors de 79 %, mais elle correspondrait à une baisse significative du volume de production. Cela ne peut donc s'adresser qu'à des petits volumes de production et de consommation locale.

Au niveau mondial, quelles réponses l'agriculture biologique peut-elle apporter ?

Agriculture biologique et sécurité alimentaire mondiale

Début 2007, la FAO indiquait dans un rapport resté célèbre que l'agriculture biologique n'était plus cantonnée aux pays riches. En 2005, elle était présente dans 120 pays, recouvrant 31 millions d'hectares, soit environ 2 % des terres agricoles mondiales, cultivées en agriculture biologique. Cela généra des ventes qui, en 2006, se chiffraient à environ 18,5 milliards d'euros, dans l'Union européenne, aux États-Unis, au Canada et en Asie.

À partir de ce rapport, les choses s'emballèrent rapidement et lors d'une conférence sur l'agriculture mondiale, il fut suggéré que l'agriculture biologique devrait pouvoir produire suffisamment d'aliments pour nourrir la population mondiale actuelle.

Malheureusement, il y a loin de la coupe aux lèvres ; la FAO, qui n'était pas responsable de cette information, fut obligée de réagir fin 2007 par la voix de son directeur général, Jacques Diouf, lequel indiqua que la FAO n'avait aucune raison de croire que l'agriculture biologique puisse remplacer les systèmes agricoles traditionnels pour garantir la sécurité alimentaire mondiale.

Il n'était pas question de minimiser l'apport de l'agriculture biologique, mais M. Diouf indiquait que si « *elle produit des aliments sains et nutritifs et représente une source croissante de revenus, pour les pays développés comme pour les pays en développement [...] il n'est pas possible de nourrir aujourd'hui six milliards de personnes, et neuf milliards en 2050, sans une utilisation judicieuse d'engrais chimiques* ».

Une fois encore la solution est donc multiple et à plusieurs niveaux. L'agriculture biologique pourra agir localement, tandis que, globalement, la chimie devra participer à la lutte contre la malnutrition, mais pas à n'importe quel prix. Les intrants chimiques, notamment les engrais, peuvent accroître sensiblement la production vivrière en Afrique subsaharienne où les agriculteurs utilisent moins de 10 % des engrais appliqués par les agriculteurs asiatiques. Mais ils doivent être incorporés à la bonne dose, à la bonne période, ce qui implique un enseignement et des fonds dédiés à l'apprentissage des bonnes pratiques agricoles. Nous en avons déjà parlé plus haut.

Voilà pour les bonnes pratiques. Si nous faisions maintenant un peu de disruption dans une optique chimie verte. Pourrions-nous imaginer des pesticides d'origine naturelle, mieux, des plantes produisant leurs propres pesticides ?

Les pesticides verts : les molécules phytosanitaires naturelles

Depuis de nombreuses années, les chercheurs savent que toutes les plantes produisent naturellement des composés chimiques pour se protéger, des insectes en particulier. Certaines plantes sont d'ailleurs depuis longtemps utilisées pour tenir à distance ou éliminer des insectes, ou bien pour tuer d'autres invertébrés – c'est le cas des vermifuges.

En Europe et aux États-Unis, les insecticides végétaux ont connu un développement important entre les deux guerres mondiales, avant d'être supplantés par les insecticides de synthèse, moins onéreux à produire. Toutefois, des cultures à grande échelle de plantes à propriété insecticide furent exploitées en Europe, dans les années 1950. Ces insecticides étaient extraits de diverses plantes par macération, infusion ou décoction dans divers solvants, notamment de l'eau.

Depuis quelques années, les industriels de la chimie et de la pharmacie s'intéressent à nouveau à ces plantes pour développer des insecticides destinés aux habitations. Pourquoi ne pas aller plus loin en termes de volumes à produire, et imaginer des insecticides d'origine végétale pour les cultures ? C'est en fait déjà une réalité.

Le tabac, qui appartient à la famille des solanacées, contient dans ses feuilles jusqu'à 5 % de nicotine. Il est bien connu que la nicotine est un alcaloïde qui induit une accoutumance certaine chez les fumeurs. Or, à l'origine, elle a pour fonction de protéger la plante contre les insectes. La nicotine présente en effet des propriétés acaricides, insecticides et fongicides. Attention, ce n'est pas parce qu'une molécule est naturelle qu'elle n'est pas dangereuse – c'est même un composé très toxique pour l'homme, les mammifères et les poissons. Il faut donc éviter d'être en contact avec elle ou de l'ingérer. Toutefois, cette molécule se dégrade rapidement (en trois ou quatre jours) et est donc non rémanente. La préparation du pesticide est assez facile : il suffit d'arroser 1 kg de tiges et de feuilles de tabac avec 15 litres d'eau en ajoutant un surfactant – un morceau de savon qui va jouer le rôle d'agent mouillant. Après 24 heures de macération, le mélange est filtré et prêt à l'emploi. Le traitement sera plus efficace s'il se déroule à une température supérieure à 30 °C. Il ne faut pas consommer les cultures traitées avant un délai de 4 jours, le temps que la molécule de nicotine soit biodégradée. Connues des horticulteurs, ces méthodes sont maintenant développées à plus grande échelle en Afrique et en Asie.

Du point de vue de la chimie verte, la nicotine appartient, comme la caféine, à la famille des alcaloïdes : c'est donc un produit que nous pourrions imaginer extraire par CO_2 supercritique. Nous pourrions donc la produire sans utiliser de solvants organiques potentiellement dangereux.

Dans le même esprit, les chrysanthèmes, que nous produisons en grande quantité à la période de la Toussaint, accumulent dans leurs capitules (les petites fleurs), des substances insecticides appelées « pyréthrines ». Ces composés ont la propriété de s'attaquer au système nerveux des insectes et sont également toxiques pour les poissons. Le pyrèthre de Dalmatie (*Tanacetum cinerariifolium*) est l'espèce de chrysanthème la plus employée par les jardiniers amateurs, qui la plantent autour des potagers. Les fleurs de cette plante (qui ressemblent à s'y méprendre à des marguerites) peuvent aussi être broyées et séchées. La poudre obtenue est mise à macérer dans dix fois son volume d'eau. Peu toxiques pour l'homme, les insecticides à base de pyréthrines doivent être utilisés rapidement car ils sont très vite dégradés dans la nature, notamment par les ultraviolets de la lumière.

En chimie verte, les chercheurs sont souvent « biomimétiques » : ils cherchent à copier la nature. Les insecticides industriels dits « de troisième génération » sont copiés sur les pyrèthres naturels, les chimistes ayant cherché à augmenter leur toxicité et leur photostabilité – stabilité à la lumière. Très efficaces et agissant par contact, ils tuent presque instantanément les insectes par effet de choc neurotoxique. Cela permet de les utiliser à des doses très faibles, comprises entre 10 et 40 g de substances actives par hectare, ce qui est très important pour l'agriculture. Réputés peu toxiques pour l'homme, leur coefficient de sécurité (rapport des toxicités pour les insectes sur celui des mammifères) est le plus élevé parmi les insecticides chimiques. Très biodégradables, ils sont non persistants dans l'environnement, mais, comme leur cousin naturel, ils sont très toxiques pour les poissons et les abeilles.

Il faut en effet rester vigilants : ce n'est pas parce qu'un pesticide est naturellement produit par une plante qu'il est automatiquement utilisable dans l'agriculture. Car une molécule, même d'origine naturelle, peut présenter des niveaux de toxicité élevés pour les animaux à sang chaud, notamment les mammifères.

C'est notamment le cas de l'aconitine, un alcaloïde toxique tiré d'un arbre appelé *Aconitum*, qui, en Chine, sert au traitement des semences. Encore plus toxique, l'azadirachtine, extraite du margousier, possède des propriétés d'abord répulsives puis insecticides. Agissant par contact et ingestion, cette molécule est efficace vis-à-vis de plus de 200 espèces d'insectes de 6 familles entomologiques différentes. Elle possède également des propriétés fongicides. Ce produit est facilement biodégradable ; pourtant cette substance n'est pas homologuée en Europe car c'est aussi un perturbateur endocrinien.

Ce n'est donc pas si simple : la chimie du végétal ne pourra pas remplacer entièrement les pesticides de synthèse.

Mais si, au lieu de répandre ces pesticides de toutes origines, nous imaginions « vacciner » les plantes contre les attaques de toutes sortes tout en les rendant consommatrices de faibles quantités d'engrais?

D'un point de vue théorique, nous sommes totalement dans les principes de la chimie verte chers à Paul Anastas. Il m'a dit un jour : « *Et si nous faisions pousser du coton déjà coloré ? Nous pourrions alors fabriquer des vêtements de couleur sans utiliser de colorants, de solvants…* ».

Faire pousser des plantes qui produisent leurs propres pesticides et qui par constitution nécessitent peu d'eau et d'engrais : c'est l'enjeu majeur de la logique des organismes génétiquement modifiés, les OGM de triste réputation.

Les OGM et la chimie verte : un nouveau paradoxe ?

Dans la directive 2001/18/CE, l'Union européenne définit un OGM comme « *un organisme (à l'exception des êtres humains) dont le matériel génétique a été modifié d'une manière qui ne peut s'effectuer naturellement par multiplication et/ou par recombinaison* ». Selon la Commission de l'éthique de la science et de la technologie de nos amis québécois, cette modification du patrimoine génétique d'un être vivant est faite « *soit pour accentuer certaines de ses caractéristiques ou lui en donner de nouvelles considérées comme désirables, soit au contraire pour atténuer, voire éliminer certaines caractéristiques considérées comme indésirables* ».

Où est l'intérêt de cette modification génétique ? Il est majeur et humaniste à la base. Comment nourrir la planète lorsque les ressources en eau et les terres arables sont injustement distribuées? La réponse se trouve dans la possibilité de modifier le patrimoine génétique de plantes, comme des céréales ou le riz, afin qu'elles puissent pousser dans des sols pauvres en éléments nutritifs et avec de faibles quantités d'eau. Si cette plante est également capable de fabriquer des molécules vitales, elle permet de lutter contre la malnutrition.

Lutter contre la faim dans le monde en faisant pousser des plantes dans le désert du Sahel… Voilà l'idée de départ qui, dans les années 1970, servit de force motrice aux chercheurs. Développer des plantes qui tolèrent des herbicides pour augmenter le rendement à l'hectare est forcément intéressant et nécessite moins d'engrais. Des plantes qui résistent mieux aux parasites, cela implique moins de pesticides ou d'insecticides à utiliser… Les industriels ne sont jamais très loin : si nous diminuons les intrants, engrais et pesticides à l'hectare, cela sera rentable si nous augmentons les surfaces traitées ; ce qui est en lien avec les besoins du milliard de personnes sous-alimentées.

Des OGM peuvent, tout au long de leur croissance, induire des substances actives protectrices. Cela peut par exemple être une protéine qui présente des propriétés insecticides ou fongicides, protéine fabriquée par une bactérie vivant en symbiose avec la plante, au niveau des racines, des tiges et des feuilles.

Pour aller encore plus loin, les grains de café (bien sûr non torréfiés) contiennent des quantités significatives de protéines insecticides, dont l'efficacité est avérée vis-à-vis des larves. Le charançon du niébé joue parfois le rôle d'insecte modèle pour tester l'efficacité des substances pesticides. En laboratoire, il a été observé que 50 % des larves exposées à de très faibles quantités de protéines issues des grains de café étaient très rapidement tuées.

Isoler le gène codant pour la synthèse de cette protéine et l'inclure dans le patrimoine génétique d'autres plantes (céréales, maïs, plantes oléagineuses…) permettrait de leur conférer une résistance accrue aux insectes. Mais il faut que, dans le même temps, les chercheurs étudient la nocivité de cette protéine pour l'homme, surtout si elle s'accumule dans les parties comestibles de l'OGM, ou de sa cousine non modifiée qui peut potentiellement intégrer ce gène par croisement génétique.

Les versions OGM du maïs, du riz, du coton, du colza, de la betterave, de la pomme de terre, du soja, des œillets, de la chicorée, de la tomate et du tabac sont d'ores et déjà commercialisées. Cinq pays dans le monde (États-Unis, Argentine, Canada, Brésil et Chine) représentent 55 % de la production d'OGM commercialisés, et cela représentait déjà 65 millions d'hectares cultivés en 2003. Aux États-Unis, l'utilisation des OGM est autorisée car basée sur le principe de l'absence de preuve de danger.

En effet, alors que la consommation de ces produits par les populations a déjà commencé, les effets des OGM sur la santé humaine n'ont pas été strictement démontrés. Les scientifiques considèrent que la consommation des nourritures produites à partir des OGM actuels est sans danger. Les notions de risque et de danger potentiels sont pourtant au centre de la polémique. Les anti-OGM demandent que soit appliqué le principe de précaution étendu. Des modifications génétiques pourraient selon eux permettre l'apparition d'espèces résistantes et porter atteinte à la biodiversité des écosystèmes, mais aussi induire une contamination potentielle pour la santé humaine ou animale. Si, d'un côté, les OGM représentent le futur de l'agriculture, de la médecine et de l'industrie pharmaceutique du fait de l'énorme potentiel d'amélioration variétale possible, de l'autre, ils sont perçus comme le symbole de la mainmise de l'industrie chimique et de la science sans conscience.

À mon modeste niveau, je trouve incompréhensible que l'on puisse imaginer demander d'empêcher toute recherche sur les OGM. La recherche est à la base de la connaissance et de la compréhension, et c'est cela qui, un jour prochain, nous permettra de prendre une décision objective et d'imaginer la place des OGM dans l'agriculture de demain – celle qui devra nourrir une population mondiale de 9 milliards d'habitants.

Les enjeux de l'industrie agro-alimentaire du futur

Il ne servirait à rien de mettre en place des cultures agricoles avec un minimum d'engrais et une absence de contamination résiduelle par des pesticides si l'industrie agro-alimentaire ne prenait le relais dans le même esprit.

Or, lors de la transformation des produits issus de la culture et de l'élevage en produits agro-alimentaires, deux risques majeurs sont susceptibles d'apparaître : la contamination microbiologique ou la contamination par des produits chimiques utilisés dans les procédés.

Conservation des aliments et lutte contre les contaminations microbiennes

Je ne connais pas une industrie agro-alimentaire qui ne se préoccupe pas au premier plan de ce point. En effet, les micro-organismes utilisés pour les transformations agro-alimentaires ont, pour se reproduire, besoin d'eau et de nutriments, qu'ils trouvent notamment dans le lait et le sang. Dans le lait, les bactéries lactiques vont ainsi se développer et permettre la fabrication des yaourts. Mais tout se complique lorsque ce sont des micro-organismes pathogènes qui se développent.

Ainsi la bactérie *Listeria* aime-t-elle les bonnes choses, surtout les fromages au lait cru, les poissons fumés et certains produits de charcuterie tels que pâtés, rillettes et produits en gelée. Or, une épidémie de listériose peut avoir des conséquences graves, notamment chez les femmes enceintes – avec un risque vital pour le fœtus et le nouveau-né –, chez les sujets immunodéprimés et chez les personnes âgées.

À l'heure actuelle, le lait cru utilisé pour faire les fromages éponymes est filtré sur des filtres céramiques qui présentent des trous de l'ordre de 0,2 micromètre – 0,2 millionième de mètre. Avec ce tamis moléculaire, le lait peut passer, pas la souche de *Listeria* de quelques micromètres. Ces membranes de microfiltration peuvent être stérilisées à la vapeur à plus de 100 °C, et cela plusieurs fois par jour, ce qui rend impossible toute contamination. Cela fait plus de 10 ans que nous n'avons pas connu de contamination du lait cru par *Listeria* en France. Nous verrons dans un autre chapitre que les membranes peuvent aussi être fabriquées en polymères (en matière plastique), avec des trous encore plus petits. C'est un outil de référence pour le traitement de l'eau.

Les causes des contaminations, que vous retrouvez classiquement dans tous les pays occidentaux, sont multiples : contamination de la chaîne de production, rupture de la chaîne du froid et mauvaises conditions de transports... Les épidémies passées ont permis de mettre en place des procédures de gestion des crises sanitaires en France. Le risque zéro n'existant pas en matière de produits alimentaires, seule une information fiable et immédiate permet d'éliminer ponctuellement un produit potentiellement dangereux : en cas de problème, l'alerte est donnée par le ministère de l'Agriculture, les populations sont informées et les produits incriminés sont retirés de la vente. Le principe de précaution semble s'imposer et les consommateurs apprennent à gérer sans panique ces situations.

Quoi qu'il en soit, il ne faut pas oublier que, dans le monde, des millions d'aliments sous diverses formes sont distribués chaque jour sans qu'il y ait de problèmes. Les industriels sont bien évidemment vigilants car les sanctions économiques sont immédiates en cas de problèmes.

Les moyens de conservation par voie chimique sont souvent connus depuis des centaines d'années.

Les moyens de conservation chimiques traditionnels mettent en œuvre des produits chimiques – sel, sucre, vinaigre ou alcool – pour conserver les viandes, les fruits et les légumes. Ce sont bien sûr les charcuteries d'antan, mais aussi les confitures, les sirops et autres cornichons ou olives en bocal.

L'utilisation des conservateurs « chimiques » de synthèse – les sulfites, nitrites et autre acide benzoïque – est à l'heure actuelle en forte décroissance, d'une part parce que les procédés agro-alimentaires permettent de s'en affranchir en partie, d'autre part parce que des progrès ont été faits dans les domaines de la logistique de la conservation par le froid. En outre, dans les pays les plus riches, la pression des consommateurs que nous sommes favorise la consommation de produits de type « bio » qui, en plus de limiter les engrais et les pesticides en amont du produit, éliminent drastiquement l'utilisation de conservateurs chimiques.

Les autres procédés de conservation sont des procédés physiques qui vont agir indirectement sur la chimie des aliments, utilisant essentiellement la température. Si le froid permet de congeler des aliments frais, l'utilisation de plus hautes températures permet la conservation des aliments par stérilisation : c'est l'appertisation. Des températures plus basses permettent d'inactiver des micro-organismes : c'est la pasteurisation, très utile pour traiter le lait ou les jus de fruits.

Le problème de ces procédés est que l'utilisation de la température entraîne irrémédiablement une dégradation des aliments. Cela peut être mineur et seul le goût est altéré, ou plus important et entraîner la destruction des molécules fragiles comme les vitamines ou les antioxydants. Aussi les chercheurs imaginent-ils de nouveaux procédés de conservation.

Depuis de nombreuses années, ils ont pensé à utiliser la pression, plutôt que la température. La stérilisation sous pression, appelée aussi « pascalisation », existe d'ores et déjà à l'échelle industrielle, au Japon, aux États-Unis, en Espagne mais aussi en France. C'est une stérilisation idéale, à basse température et sans ajout d'additifs.

Des procédés de stérilisation haute pression sont développés depuis 20 ans. L'idée est de mettre les aliments à traiter à température ambiante dans un autoclave (une Cocotte-minute), et, en présence d'air ou d'azote, de monter à une pression supérieure à 1000 bars – 1000 fois la pression atmosphérique. Cela équivaudrait à emmener les aliments faire une plongée sous-marine dans une fosse abyssale de 10000 mètres de profondeur...

Les pressions requises en pratique sont souvent conséquentes et comprises entre 4 000 et 8 000 bars. À ces pressions de traitement vous imaginez bien que les micro-organismes présents dans les aliments ne vont pas pouvoir proliférer et seront durablement détruits. Mais si la pression n'altère pas chimiquement les molécules naturelles du produit, donc le goût, les structures des aliments sont malmenées. Difficile d'imaginer une fraise ou une tomate revenir indemne d'un traitement à ces pressions... Aussi les chercheurs sophistiquent-ils en ce moment le procédé. Au lieu d'utiliser de l'air ou de l'azote, c'est le CO_2 qui est utilisé. À des pressions plus basses, entre 500 et 700 bars, le traitement est aussi efficace. Cela vient du fait que le CO_2 sous pression a une action spécifique : il diffuse au cœur de la matière, perturbe certaines réactions chimiques chez les micro-organismes et empêche leur prolifération. De nombreuses études ont été menées, en particulier en Italie et au Japon, avec des résultats souvent concluants permettant d'envisager des développements industriels.

L'élimination des insectes, larves et œufs par CO_2 sous pression est d'ailleurs utilisée de manière industrielle en Allemagne, comme en Asie, notamment pour la désinsectisation de céréales. Dans ce cas, une pression de 5 à 30 bars est souvent suffisante pour des temps de contact de l'ordre de 20 minutes.

Un autre procédé avait été imaginé pour la conservation des aliments : l'irradiation au rayonnement *g*. Une source de cobalt peut être utilisée pour produire un rayonnement *g* qui, en interaction de façon locale avec la matière, va détruire tous les types de micro-organismes. Assez curieusement, ces procédés sont toujours en vogue dans le nord de l'Europe alors qu'en France ils sont, pour l'alimentation, en perte de vitesse. Un irradiateur en France est réglementairement considéré comme une installation nucléaire... Or, un aliment irradié par un rayonnement *g* n'a rien à voir avec un aliment qui serait contaminé par des éléments radioactifs. C'est comme imaginer que des personnes souffrant de cancer et traitées par rayonnement *g* en cobalt-thérapie deviendraient elles-mêmes radioactives... À ma connaissance, en France, seules les cuisses de grenouilles et quelques épices sont traitées dans les irradiateurs industriels. Le gros du marché porte sur la stérilisation d'outils médicaux et chirurgicaux.

Enfin, des chercheurs français du CEA, dont je fais partie, ont imaginé utiliser des procédés nouveaux pour stériliser les produits liquides. Imaginez que nous allons faire circuler rapidement des jus de fruits ou de légumes à travers un champ électrique pulsé. Les micro-organismes qui sont présents dans le liquide sont formés d'une membrane. En présence du champ électrique, la membrane microbienne va agir comme un condensateur électrique, accumuler des charges électriques et, sous un champ de forte énergie, va éclater, tuant le micro-organisme par hémorragie irréversible. C'est un procédé très rapide, inférieur à la seconde, et qui fonctionne en mode continu, les liquides circulant à relativement haut débit. Il s'adresse donc au traitement de gros volumes de liquides alimentaires. Quel plaisir, au petit déjeuner, de déguster un verre de jus d'oranges qui aurait le vrai goût d'une orange fraîchement pressée et non celui d'un jus de fruits stérilisé à haute température. Les procédés high-tech au service du goût, c'est une révolution pacifique…

La contamination par des produits chimiques

Cette contamination des aliments par des produits chimiques est souvent liée à la présence non désirée ou accidentelle de substances chimiques utilisées dans le procédé de fabrication. Je ne parlerai pas ici des additifs, qui ont souvent mauvaise presse mais qui, si on se penche un peu pour voir ce qui se cache sous des sigles bizarres, sont souvent des molécules d'origine naturelle utilisées pour colorer les produits ou comme exhausteur de goût des aliments. Nous pourrions citer les glutamates, issus du soja, dont les Asiatiques sont très friands et que l'on rencontre de plus en plus en Europe ou en Amérique du Nord. Se pose quand même le problème de l'aspartame, agent sucrant utilisé massivement depuis de nombreuses années comme alternative au sucre dans les sodas et les yaourts « 0 calories ». Cet édulcorant de synthèse se retrouve périodiquement sur la sellette et son utilisation massive est *a priori* à déconseiller.

Son nom chimique est *L*-Aspartyl-*L*-phénylalanine méthylester. C'est une molécule de synthèse, qui était à l'origine une molécule intermédiaire de la fabrication d'un médicament anti-ulcéreux… jusqu'à ce que J. Schlatter, de la société Searle, en découvre accidentellement le pouvoir sucrant. Son usage fut autorisé par les gouvernements américains et européens au début des années 1980, malgré quelques doutes sur de possibles effets toxiques et cancérigènes sur le cerveau.

Si des études gouvernementales récentes indiquent que, dans les pays occidentaux, le niveau de consommation de l'aspartame reste à des valeurs journalières acceptables pour l'organisme, le spectre des effets cancérigènes et toxiques de l'aspartame ressurgissent régulièrement.

Dans ce contexte délicat pour l'aspartame, des édulcorants d'origine végétale, comme le stévia, font en ce moment une percée spectaculaire.

Depuis un arrêté interministériel de 2009, l'utilisation et la commercialisation du stévia est autorisée en France. *Stevia rebaudiana bertoni* est une plante originaire d'Amérique du Sud qui fait partie des 200 espèces de la famille des astéracées. Les Indiens Guarani, qui l'utilisent depuis fort longtemps au Paraguay ou au Brésil, l'ont appelée « la feuille comme du miel » ou « la feuille douce ». Ce n'est pas étonnant : le rebaudioside A, extrait de la *Stevia rebaudiana bertoni*, est un édulcorant naturel avec un arrière-gout de réglisse. Purifié à 98 %, il possède 300 fois le pouvoir sucrant du sucre !

Utilisé en Asie depuis longtemps, le stévia a eu du mal à s'implanter en Europe et aux États-Unis... notamment parce que les lobbies sucriers et ceux des édulcorants de synthèse ont mis en avant une suspicion d'effets toxiques pouvant conduire à des avortements. Mais aujourd'hui, le stévia s'impose dans nos sodas et nos yaourts. Bien que 10 fois plus cher à fabriquer que l'aspartame, le stévia est un pur produit de la chimie verte : d'origine renouvelable, il est non seulement une alternative à un produit de synthèse potentiellement toxique, l'aspartame, mais aussi, en comparaison avec un produit classique tel que le sucre, il faut en utiliser 300 fois moins pour avoir le même pouvoir sucrant.

Pour conclure, le risque majeur de contamination chimique des produits lors de transformations agro-alimentaires n'est selon moi pas lié aux conservateurs ou édulcorants chimiques, mais à l'utilisation de solvants organiques. Ces solvants (chloroforme, trichloréthylène, benzène, pour les plus dangereux) ont été utilisés massivement pour des procédés d'extraction, de mise en forme ou de synthèse chimique. Nous sommes dans un thème fort de l'alternative aux solvants toxiques et, ici précisément, l'industrie agro-alimentaire rejoint la pharmacie et l'industrie cosmétique où les problématiques de procédés sont identiques. Voilà qui me permet donc de faire le lien avec le prochain chapitre : comment soigner la planète ?

La chimie au chevet des malades d'aujourd'hui et de demain

Rappelez-vous : parmi les 8 objectifs jugés stratégiques pour les générations actuelles et futures, l'accès aux soins et aux médicaments pour tous. Autres objectifs, la réduction de la mortalité infantile et l'amélioration de la santé maternelle sont deux objectifs qui impliquent de disposer de nourriture, d'eau potable… et de médicaments. Et combattre le sida, le paludisme ou la tuberculose et le choléra sont des défis majeurs pour les pays les plus pauvres.

Depuis que la pharmacie existe, les chimistes ont été sollicités pour extraire des molécules issues de la nature ou pour en synthétiser de nouvelles dotées d'effets thérapeutiques encore plus efficaces. Il est à noter que ces nouvelles molécules synthétiques aux effets décuplés sont souvent copiées à partir de celles que l'on trouve dans la nature.

Pour notre futur, nous allons devoir imaginer de nouveaux médicaments, mais aussi être capables de fournir en grande quantité des principes actifs pour soigner les pathologies les plus dévastatrices. Ne l'oublions pas, à l'heure actuelle, des millions de personnes meurent encore, dans le monde, de maladies que nous savons potentiellement soigner...

Le sida

Chaque jour, environ 7500 personnes sont contaminées par le VIH et 5500 meurent du sida.

En novembre 2010, le Programme commun des Nations unies sur le VIH/sida (ONUSIDA) a publié son rapport annuel ainsi que la carte de prévalence du VIH dans le monde.

En 2010, 33,3 millions de personnes vivaient avec le VIH dans le monde, un chiffre qui concerne avant tout l'Afrique subsaharienne. Depuis le début des années 1980, ce sont plus de 30 millions de personnes qui sont mortes du sida. Dans le monde, des gens de ma génération ont payé un lourd tribut à ce fléau, considéré selon l'ONUSIDA comme la plus importante pandémie de l'histoire de l'humanité.

Malgré un pic enregistré en 2001, le sida recule depuis les années 2000. Durant la première décennie du XXIe siècle, on a ainsi pu constater une diminution de presque 20 % des infections au VIH, limitant à 2,9 millions le nombre de nouveaux sujets infectés par an.

Sur la voie du progrès, nous trouvons d'abord l'éducation et l'information des populations. Ensuite les dépenses de santé dans les pays les plus touchés ont significativement augmenté, créant ainsi un meilleur dépistage et un accès aux soins facilité.

Aujourd'hui, 5,2 millions de personnes dans le monde bénéficient de traitements contre le sida, soit 12 fois plus qu'il y a six ans, mais ce chiffre reste faible par rapport aux 33,3 millions de personnes infectées…

Pour mieux comprendre ce qui se passe dans la chimie du sida, il faut savoir que le virus de l'immunodéficience humaine (VIH) est un rétrovirus qui infecte l'homme et qui, lorsqu'il se développe, conduit à l'apparition du syndrome d'immunodéficience acquise (sida). Il est possible de distinguer deux rétrovirus : le VIH-1, responsable de l'épidémie mondiale, et le VIH-2, beaucoup moins répandu que le précédent et qui est surtout présent en Afrique de l'Ouest. Ces rétrovirus sont des agents infectieux qui détruisent les lymphocytes T4, les gardiens de la paix de notre système immunitaire. L'invasion par le VIH affaiblit donc le système immunitaire, le rendant vulnérable à de multiples infections opportunistes. Non traitée, l'infection par le VIH évolue en sida et entraîne la mort dans plusieurs cas.

Les traitements contre l'infection par le VIH mettent en œuvre des médicaments qui ralentissent la réplication du rétrovirus et, par voie de conséquence, sa propagation à l'intérieur du corps. Ces médicaments sont des molécules antirétrovirales. La difficulté de traiter la contamination par le VIH rejoint celle du traitement des cancers que nous verrons plus loin : il s'agit de la spécificité du traitement. En effet, le rétrovirus type VIH possède peu de molécules spécifiques (enzymes, protéines...) qui lui appartiennent en propre et qui peuvent servir de cibles thérapeutiques. Le rétrovirus infecte des cellules saines et va les parasiter pour utiliser la machinerie cellulaire déjà en place.

Les antirétroviraux doivent donc cibler très spécifiquement les enzymes et les protéines propres au patrimoine cellulaire des VIH ; par voie chimique, ces molécules vont perturber et donc ralentir la prolifération du rétrovirus. Cela diminue la charge virale dans le corps et se traduit par une augmentation sensible des lymphocytes T4 dans le corps.

La zidovudine est une molécule aussi appelée azidothymidine et plus connue du grand public sous le nom d'AZT. Ce fut la première molécule approuvée pour le traitement de l'infection par le VIH. Il existe maintenant beaucoup d'autres molécules antirétrovirales, souvent prescrites en association, et elles présentent de moins en moins d'effets secondaires.

Malgré ces progrès importants, de très nombreux défis demeurent pour inverser la tendance de l'épidémie de VIH/sida d'ici à 2015 et au-delà. Car en Europe de l'Est et en Asie centrale, l'épidémie de VIH continue à se propager.

L'objectif majeur serait de rendre accessible dès que possible les traitements antirétroviraux disponibles contre le VIH et le sida. Ces traitements ont significativement allongé l'espérance de vie des malades dans des conditions de confort acceptables. Pourtant, il subsiste un déséquilibre patent entre le nombre de personnes en attente de ce type de traitement et le nombre de traitements disponibles. Ainsi, en Amérique latine, 62 % des personnes contaminées ont accès aux molécules antirétrovirales alors qu'ils ne sont que 30 % en Afrique subsaharienne et moins de 15 % en Europe de l'Est.

Pour expliquer cela, des difficultés de financement sont avancées. En 2009, le financement mondial de la lutte contre le sida était de 11,6 milliards d'euros, en baisse par rapport à celui de l'année précédente, et avec un déficit de 7,5 milliards d'euros par rapport aux besoins estimés.

Or, comme le rappelle Michel Sidibé, directeur exécutif de l'ONUSIDA: « *Intégrer des investissements VIH pour la santé maternelle, la santé sexuelle et reproductive, de même que la santé infantile, améliorera les résultats pour des millions de personnes dans le besoin.* »

Ce que je trouve encourageant, c'est que de nombreux pays, parmi ceux les plus touchés par cette pandémie, sont en train de mener des recherches dans ce domaine, de proposer des médicaments.

IBE-5 : c'est le nom de code d'une molécule utilisée dans le traitement contre le sida et développée par le groupe pharmaceutique Jiangzhong, en partenariat avec l'Académie militaire des sciences médicales à Pékin. IBE-5 a obtenu dès 2006 l'agrément de la SFDA (State Food and Drug Administration), l'agence chinoise de veille sanitaire : les essais cliniques sur l'homme ont débuté, après des tests concluants sur les animaux.

Dans la grande tradition de la médecine chinoise, IBE-5 est une molécule extraite des plantes. Elle serait en mesure de réduire significativement la charge virale chez les singes

– des modèles proches de l'homme – atteints par le virus du sida, et pourrait limiter efficacement la mutation du virus. Un effet thérapeutique contre l'hépatite B aurait même été mis en évidence.

Ce nouveau traitement et les techniques de synthèse associées ont fait l'objet de dépôts de brevets dans plus d'une vingtaine de pays, aux États-Unis et en Europe. C'est le premier médicament contre le sida dont la Chine est propriétaire ; son objectif serait de procéder à une production de masse dans les années à venir.

Plus récemment, en 2010, un nouveau médicament pour lutter contre la contamination a été mis au point par un groupe de chercheurs dirigés par le docteur Salim Abdool Karim de l'Université du Kwazulu-Natal, en Afrique du Sud. Il s'agit d'un gel microbicide contenant un antirétroviral efficace destiné à protéger les femmes contre la transmission du VIH lors des relations sexuelles. Ce gel contient seulement 1 % de Tenofovir, un antirétroviral utilisé classiquement dans les traitements contre le sida. À de très faibles concentrations dans un gel, il réduit les risques de transmission du VIH de presque 40 %.

Ce nouveau médicament dans l'esprit de la chimie verte – il contient très peu de principe actif, il est donc peu onéreux à fabriquer – a encore besoin d'être testé. Mais on le considère déjà comme une importante percée dans la lutte contre le sida.

En complément pratique, la maîtrise de la chimie du latex permet de fabriquer des préservatifs à faible coût de revient.

Pour les personnes malheureusement allergiques au latex, la chimie du polyuréthane permet même de fabriquer une nouvelle génération de préservatifs…

Le paludisme

Le paludisme (aussi connu dans les pays anglo-saxons sous le nom de « malaria ») provoque des fièvres intermittentes pouvant conduire à la mort dans certains cas, notamment chez les enfants de moins de 10 ans et chez les femmes enceintes. Cette pathologie est véhiculée par un parasite, plus précisément un protozoaire transmis à l'homme par la piqûre de la femelle d'un moustique appelé anophèle.

Selon l'OMS, en 2009, on comptait 225 millions de cas de paludisme et 781 000 décès. Une fois encore, c'est l'Afrique subsaharienne qui est la région du monde la plus touchée puisqu'on y enregistre 80 % des personnes atteintes de cette parasitose tropicale. Un des objectifs du millénaire pour le développement est d'endiguer et même de faire reculer le paludisme d'ici 2015, et même au-delà. Devant l'ampleur de cette pathologie, tout programme lancé permet immédiatement de sauver des vies.

Le *Rapport sur le paludisme dans le monde en 2010* de l'OMS montre effectivement que l'extension massive des programmes de lutte antipaludique entre 2008 et 2010 a permis d'obtenir des avancées remarquables dans ce domaine. Plus de 580 millions de personnes, c'est-à-dire les trois quarts des personnes exposées au risque de paludisme en Afrique subsaharienne, se sont vu fournir des moustiquaires de lit imprégnées d'insecticide. En 2010, 42 % de familles africaines possédait au moins une moustiquaire imprégnée d'insecticide, permettant à 35 % des enfants africains de moins de 5 ans de dormir en sécurité. C'est beaucoup, mais cela reste loin de la cible de 80 % fixée par l'Assemblée mondiale de la santé. En outre, ces moustiquaires ont une durée de vie de 3 ans : ne pas les remplacer pourrait immédiatement conduire à une résurgence des cas de décès.

Dans le chapitre précédent, nous avons évalué ensemble l'importance des pesticides pour l'agriculture. Il nous faut maintenant aborder leurs usages sanitaires. La pulvérisation d'insecticides à effet rémanent à l'intérieur des habitations fait partie de la lutte antipaludique. Cela protège environ 75 millions de personnes, ce qui représentait 10 % de la population à risque en 2009.

Il faut noter qu'il y a encore peu, c'est le DDT qui, pour des raisons économiques, était utilisé de manière préventive pour protéger les habitations, alors que son utilisation agricole est interdite depuis plus de 30 ans. Les méthodes de lutte contre les vecteurs du paludisme sont aujourd'hui très dépendantes d'une seule catégorie d'insecticides, elle aussi décrite dans le chapitre précédent : les pyréthrinoïdes. Rappelez-vous, ils sont copiés de molécules naturellement insecticides issues d'une famille de fleurs, les pyrèthres. Les pyréthrinoïdes sont couramment utilisés pour la pulvérisation dans les habitations et c'est la seule classe d'insecticides utilisée pour les moustiquaires imprégnées.

Attention toutefois ! l'utilisation massive et généralisée d'une seule classe d'insecticides, notamment en Afrique, augmente significativement le risque que les moustiques développent une résistance vis-à-vis de ce produit chimique. Tout est toujours une question de dose…

Si la lutte préventive semble donc progresser et donner de bons résultats, les traitements contre la maladie restent encore trop peu nombreux. Les plus efficaces, les combinaisons thérapeutiques à base d'artémisinine, sont globalement trop chers, trop peu ou mal utilisés.

L'artémisinine est une substance active médicamenteuse extraite d'une plante, l'armoise annuelle, *Artemisia annua*. Si l'artémisinine est utilisée en médecine traditionnelle chinoise depuis plus de 2000 ans, son utilisation a été remise au goût du jour par les médecins chinois, à la fin des années 60, pour venir en aide aux soldats vietnamiens, plus décimés par le paludisme que les soldats américains. La plante contenant peu de molécules actives, il serait donc judicieux de la fabriquer chimiquement, mais cette substance est difficile à synthétiser artificiellement à bas coût. L'artémisinine est traditionnellement administrée en monothérapie avec, comme corollaire, un risque d'apparition de résistance accélérée. Aussi est-elle administrée en association avec d'autres molécules, pour un coût de production encore augmenté, avec un risque potentiel d'effets secondaires apportés par les molécules supplémentaires du « cocktail thérapeutique » – scientifiquement appelé CTA (« combinaisons thérapeutiques à base d'artémisinine »).

L'OMS recommande maintenant que tous les cas suspects de paludisme soient confirmés par un test de diagnostic avant d'utiliser les CTA. Le niveau de test de confirmation est passé de 5 à 35 % en Afrique lors de la dernière décennie – plus d'un tiers des patients font un test pour être sûrs de prendre un médicament à bon escient. Ces tests diagnostiques sont relativement peu onéreux et ils permettent d'économiser et de mieux gérer l'utilisation des médicaments en limitant leur prescription abusive. Cela conduit en outre à mettre en place une surveillance active du paludisme et à limiter aussi le risque d'apparition de résistance vis-à-vis de l'artémisinine.

Selon les fabricants de médicaments, fin 2009, seuls 11 pays africains fournissaient suffisamment de combinaisons thérapeutiques à base d'artémisinine pour couvrir 100 % des cas de paludisme traités dans le secteur public – 8 autres pays africains couvrant de 50 % à 100 % des cas. Ces chiffres, en augmentation depuis 5 ans, sont pourtant clairement insuffisants. Sans compter que, fin 2010, 25 pays autorisaient encore la commercialisation des monothérapies orales à base d'artémisinine, en particulier en Afrique, mettant en péril la pérennité de l'efficacité des combinaisons thérapeutiques à base d'artémisinine (en favorisant la propagation de la résistance à cette molécule).

Les avancées restent donc fragiles.

Produire des moustiquaires imprégnées de pyréthrinoïdes et des combinaisons thérapeutiques à base d'artémisinine coûte cher, et si le financement international de la lutte antipaludique est en augmentation constante depuis une décennie, atteignant 1,5 milliard de dollars en 2009 et 1,8 milliard en 2010, ces sommes sont encore bien inférieures aux 6 milliards de dollars estimés nécessaires pour lutter annuellement contre le paludisme et espérer atteindre 2015 avec une éradication complète de la maladie.

Où se trouve l'espoir ? Dans un endroit de la chimie verte qui est loin d'être intuitif : celui des OGM.

L'esprit initial des OGM est de modifier la nature pour la rendre plus adaptée aux besoins de l'humanité. Il faut le savoir, la nature est la première créatrice d'organismes génétiquement modifiés. En effet, statistiquement, sur 1 million d'individus (animal ou végétal), un seul va « naturellement » et spontanément présenter une mutation, une modification génétique. Depuis les années 1980, nous savons accélérer le processus et modifier le patrimoine génétique d'une plante ou d'un micro-organisme.

L'armoise annuelle ne fournit pas assez d'artémisinine ? Qu'à cela ne tienne, un laboratoire hollandais travaille à la fabriquer à partir d'une plante modifiée génétiquement : la chicorée. L'Institut Plant Research International (PRI), une filiale de l'université de Wageningen, travaille en collaboration avec Darfa Pharma, une entreprise belge de produits pharmaceutiques, à modifier génétiquement la chicorée afin de lui faire produire en grande quantité de l'acide de dydroartémisinine. Cette molécule – une des substances amères de la chicorée qui se trouve dans les racines de la plante – peut être très facilement transformée par voie chimique pour produire de l'artémisinine en grande quantité et à bas coût.

Poussons le concept encore plus loin. L'idée est de prendre un micro-organisme, une bactérie par exemple, et de lui « greffer » une partie du patrimoine génétique de l'armoise annuelle, afin de produire directement de l'artémisinine par fermentation.

L'idée de ce projet est basée sur une technologie de génie génétique mise au point par le professeur Jay Keasling de l'Université de Californie à Berkeley. OneWorld Health, l'Université de Californie et Amyris collaborent sur ce projet depuis fin 2004. L'idée est de développer une plate-forme technologique innovante et peu coûteuse pour produire de l'artémisinine par fermentation. Le groupe pharmaceutique Sanofi-Aventis a intégré le consortium afin de le faire passer au stade industriel. Dans les années à venir, cette artémisinine obtenue par une voie de chimie verte va sûrement révolutionner la lutte contre le paludisme.

Cette idée semble géniale, pourquoi ne pas la généraliser ? En pratique, ce n'est pas si simple parce que cela coûte très cher (ainsi le projet pour produire de l'artémisinine par fermentation a-t-il été subventionné par la Fondation Bill & Melinda Gates à hauteur de 50 millions de $), mais le jeu en vaut souvent la chandelle. Prenons un autre exemple cher à la chimie verte et aux malades diabétiques.

Le diabète vient d'une insuffisance de production de l'insuline, une molécule chimique produite dans les îlots de Langerhans, des cellules du pancréas. Les personnes diabétiques doivent s'injecter de l'insuline pour réguler le métabolisme du sucre dans le corps. Pendant longtemps, c'est de l'insuline de porc qui était injectée, avec des effets secondaires à long terme faciles à imaginer. Par génie génétique, il a été possible de faire un copier/coller du patrimoine génétique des cellules humaines du pancréas vers des micro-organismes classiques, bactéries ou levures. Par fermentation il a donc été possible d'obtenir de l'insuline humaine en grande quantité, sans risque d'effets secondaires. En ajustant la modification génétique des organismes microbiologiques, il est en outre possible de produire plusieurs types chimiques d'insuline, soit à effet immédiat, soit à effet retard, ce qui induit un confort sans pareil pour des millions de diabétiques. La chimie verte via la modification génétique de micro-organismes est, sans conteste, un facteur d'espoir majeur pour les médicaments du futur.

La tuberculose

La tuberculose est elle aussi une maladie visée par les Objectifs du millénaire pour le développement. Maladie contagieuse se propageant par voie aérienne, elle touche encore les pays en développement, avec une mortalité importante chez les jeunes adultes, à l'âge où ils sont le plus productifs. Selon l'OMS, 1,7 million de décès ont été enregistrés en 2009, soit 4700 morts par jour, dont 380000 femmes. Entre 15 et 44 ans, la tuberculose figure parmi les trois plus importantes causes de décès chez les femmes. La même année, 9,4 millions de nouveaux cas de tuberculose ont été enregistrés par l'OMS, dont 3,3 millions de femmes et 1,1 million de personnes vivant avec le VIH/sida.

Pourtant depuis 1995, l'OMS fait auprès des États les plus pauvres du monde la promotion de stratégies d'amélioration de la qualité des soins, avec, pour conséquence, la guérison de 41 millions de personnes et 6 millions de vies sauvées.

Dans le cadre de l'OMD, les États se sont engagés d'ici 2015 à enrayer la croissance de la propagation de la tuberculose, et même à réduire la mortalité de 50 % par rapport à 1990.

La tuberculose est une infection bactérienne chronique provoquée par un micro-organisme du genre *Mycobacterium*. Il en existe différentes espèces, mais la plus connue est *Mycobacterium tuberculosis*, aussi appelé « bacille de Koch ». En règle générale, le traitement antituberculeux est d'une durée de six mois : deux mois de quadrithérapie, à base de quatre antibiotiques, suivis par quatre mois de bithérapie.

Ce type de traitement prolongé avec différents antibiotiques est indispensable pour guérir la maladie et aussi éviter l'émergence de souches résistantes dont l'apparition serait beaucoup plus grave. Les traitements existent donc, mais les antibiotiques ont un coût de production élevé expliquant ainsi la difficulté des pays les plus pauvres à s'approvisionner en médicaments et à proposer des thérapies adaptées pour tous.

Un des enjeux de la chimie du futur est donc de fabriquer à bas coût et en grande quantité des molécules efficaces et qui ont fait leurs preuves dans les pays les plus riches pour les mettre à disposition de tous.

Ensuite, il est temps de penser à développer de nouveaux médicaments, pour soigner ce que nous ne savons pas encore guérir.

Les nouveaux médicaments pour une planète durable

Au-delà des pathologies essentiellement infectieuses décrites en tête de chapitre, il existe des pathologies que nous ne savons pas soigner et qui, du fait de l'augmentation de la durée de vie dans les pays riches, paraissent augmenter – je pense notamment aux cancers et aux maladies neurodégénératives. Dans les pays riches, les causes de mortalité liées aux maladies infectieuses ont pratiquement disparu, aussi les cancers et les maladies neurodégénératives représentent-ils, avec les maladies cardio-vasculaires, la quasi-totalité des causes de mortalité des tranches de populations les plus âgées.

Il faut savoir qu'en pratique, entre une idée de molécule et le futur médicament commercialisé, il peut se passer 12 à 15 ans, et le coût de développement atteindre 600 millions d'euros. Pour un médicament qui obtiendra une autorisation de mise sur le marché (une AMM), plusieurs milliers de molécules seront testées et disparaîtront en chemin.

Les chimistes ont longtemps travaillé en marge des biologistes et des pharmaciens, les disciplines concernées étant considérées comme très éloignées. Ces trois professions travaillent dorénavant ensemble et elles sont à l'origine du développement de nouveaux médicaments – notamment via le biomimétisme dont nous avons déjà parlé au chapitre précédent : copier la nature après l'avoir comprise.

Les produits naturels sont à la source de la pharmacopée humaine. Alchimistes, chamanes, mages ou médecins égyptiens ou chinois de l'Antiquité, tous ont fait le lien entre l'absorption ou la mise en contact avec un produit naturel, d'origine végétale ou animale, et un effet thérapeutique avéré. En particulier, la phytothérapie, la méthode de traitement des maladies fondée sur l'utilisation des plantes, reste un domaine thérapeutique très actif.

Depuis quelques dizaines d'années, nous faisons mieux le lien entre les substances naturelles et leur effets. La connaissance des mécanismes de transcription de l'ADN et le décodage du génome humain ont permis aux chercheurs de mieux connaître les protéines fabriquées dans notre organisme. Le génome est l'équivalent d'un code informatique qui permet de fabriquer des millions de protéines. Ce sont des chaînes complexes, formées de briques élémentaires, les acides aminés. Il existe une vingtaine d'acides aminés différents accrochés les uns aux autres selon un code et une séquence dictés par nos gènes. Lorsque les chaînes sont de petite taille, cela forme des peptides ; lorsque les chaînes deviennent complexes, nous parlons de protéines. Elles vont jouer des rôles essentiels dans le fonctionnement de nos cellules, qui ont besoin d'enzymes, d'hormones, d'anticorps, de facteurs de croissance…

La connaissance de tous ces mécanismes biologiques a permis à la recherche médicale d'identifier ce que nous appelons des nouvelles « cibles thérapeutiques ». Par exemple, dans le cas d'une pathologie grave, l'ADN des cellules malades possède un code erroné qui conduit à la fabrication d'une protéine aberrante qui va bouleverser le fonctionnement des cellules voisines. Les chimistes sont capables d'isoler des molécules qui vont masquer les séquences d'ADN dysfonctionnel et donc bloquer la formation des protéines aberrantes.

Ces molécules chimiques qui agissent sur l'ADN malade sont présentes dans la nature et on en connaissait les effets positifs depuis un certain temps. Nous sommes maintenant capables d'en expliquer les mécanismes thérapeutiques. Aussi les chimistes parviennent-ils à fabriquer des molécules de synthèse encore plus pures, plus spécifiques et donc encore plus performantes.

Entre 1980 et 2002, plus de 60 % des nouvelles molécules chimiques devenues des médicaments étaient inspirées de molécules naturelles. Cela concernait environ les trois quarts des anticancéreux et des antibactériens. En 2003, 80 % des nouveaux médicaments étaient bio-inspirés...

Pour mieux comprendre l'apport des chimistes dans le domaine de la santé moderne, il est instructif de s'intéresser à l'histoire du taxol et du Taxotère®.

Les cancers sont causés par le développement anarchique de cellules. Pour empêcher le développement de ces cellules, il faut en bloquer l'ADN. C'est le rôle des médicaments anticancéreux. Ce sont souvent des poisons violents qui, administrés à faible dose, vont bloquer l'ADN des cellules cancéreuses et empêcher leur prolifération.

Au début des années 1960, Arthur Barclay, botaniste de son état, découvre que l'écorce d'un arbre anonyme de l'Ouest américain, une sorte d'if, possède un potentiel thérapeutique, tout en étant un poison violent. Monroe Wall, chimiste éminent, réussit à extraire de l'écorce un mélange purifié, le taxol. Au début des années 1980, les mécanismes de fonctionnement du taxol vis-à-vis des cancers, notamment les cancers des ovaires, sont identifiés et la fabrication d'un médicament peut être envisagée.

Seul bémol : la rareté de la matière première. En effet, pour obtenir les premiers échantillons de taxol, il a fallu couper 400 arbres pour récupérer une centaine de kilogrammes d'écorce. Pour tester ensuite les effets biologiques de cet extrait, 3,25 tonnes d'écorce furent nécessaires les 10 premières années, pour finalement atteindre 30 tonnes à la fin des années 1980. Le problème devenait évident : fabriquer du taxol conduirait irrémédiablement à l'extinction de cet if.

À la même époque, en France, Pierre Potier dirigeait l'Institut de chimie des substances naturelles au CNRS de Gif-sur-Yvette. Son équipe s'était fait connaître dans l'identification d'une molécule anticancéreuse, la vinblastine, extraite de la pervenche de Madagascar. Elle avait réussi à synthétiser une molécule artificielle identique à la vinblastine, ce qui avait permis la fabrication de la Navelbine®, un anticancéreux destiné au traitement des cancers du poumon ou du sein.

Concernant le taxol, l'idée de l'équipe du CNRS fut de rechercher des matières premières à partir d'un if commun. Les aiguilles et les rameaux de l'if européen, *Taxus baccata*, contiennent des molécules, précurseurs du taxol. Par hémisynthèse, c'est-à-dire en synthétisant des molécules artificielles à partir de ces précurseurs naturels, Pierre Potier et ses collaborateurs furent donc en capacité de fabriquer et de breveter un nouvel extrait de taxol, qui allait devenir un médicament appelé le Taxotère®.

Les médicaments du futur devront, de la même manière, agir en faible quantité en copiant la nature et en mobilisant le moins de matières premières possible. La population mondiale vieillissante va de plus en plus être confrontée aux maladies neurodégénératives. Maladies de Parkinson et d'Alzheimer mobilisent une grande partie de la recherche mondiale.

La maladie de Parkinson est caractéristique de la diminution d'une molécule dans le cerveau : la dopamine. C'est un neurotransmetteur, acteur majeur de la communication des cellules nerveuses entre elles. Cette diminution induit un défaut de coordination des différentes zones cérébrales impliquées dans la commande des muscles squelettiques. Ces muscles sont dits « volontaires » : c'est nous-mêmes qui les contrôlons.

Il est possible de ralentir la dégradation de la dopamine ou de lutter contre les effets néfastes du déficit en dopamine. Mais la première approche thérapeutique intuitive est d'augmenter les quantités de dopamine dans le cerveau.

Malheureusement, cette molécule ne passe pas la barrière hémato-encéphalique. Aussi utilise-t-on classiquement un précurseur de la dopamine, la lévodopa, capable de passer cette barrière. Mais la lévodopa est toujours associée à des molécules qui empêchent sa destruction dans l'organisme, ce qui rend le traitement lourd. Aussi les chercheurs s'intéressent-ils à de nouvelles molécules, proches de la lévodopa dans le principe d'action mais bien plus résistantes : ce sont les agonistes dopaminergiques, des molécules qui miment l'action de la dopamine. D'où viennent ces molécules ? Le plus souvent, elles sont dérivées de l'ergot de seigle, un champignon qui parasite le seigle. Des molécules d'origine renouvelable à la rescousse de notre cerveau : voilà qui ouvre un champ des possibles infini...

Mais ces nouvelles molécules thérapeutiques, même biosourcées, se doivent d'être extraites, purifiées et parfois même synthétisées. Et cela ne peut se faire sans solvants...

De la chimie et des nouveaux solvants

Agro-alimentaire et santé sont deux domaines aux multiples interactions. La possibilité de trouver de nouveaux solvants, inertes et non toxiques, est une préoccupation commune pour ces deux secteurs.

Nous retrouvons ici les fluides supercritiques.

Tout corps chimique pur rencontré dans la nature est traditionnellement présent dans un des trois états fondamentaux de la matière : solide, liquide ou gazeux. Ce que nous savons moins, c'est que tout corps pur possède un point critique, déterminé par une pression et une température dites « critiques », et au-delà duquel le composé chimique est dit dans l'état « supercritique ». Il présente alors un comportement intermédiaire entre celui de l'état liquide et celui de l'état gazeux, avec des propriétés particulières : une densité élevée comme celle des liquides, une grande capacité à diffuser et une faible viscosité comme celles des gaz.

Le dioxyde de carbone, plus connu sous le nom de CO_2, est le fluide supercritique le plus utilisé. Au-delà de 31,1 °C et 73,8 bars, c'est, nous l'avons vu, un solvant phare de la chimie verte : non toxique, non polluant, non inflammable, il est de plus largement disponible à haute pureté et à bas prix. L'eau est elle aussi très étudiée, même si elle présente des coordonnées critiques beaucoup plus élevées.

Fluide	Température critique (°C)	Pression critique (bar)
Dioxyde de carbone (CO_2)	31,1	73,8
Eau (H_2O)	374	220
R134a ($C_2H_2F_4$)	101	101,6
Éthane (C_2H_6)	32,2	48.8
Propane (C_3H_8)	96,6	42,5
Éthylène (C_2H_4)	9,5	50,76
Propylène (C_3H_6)	91	46,1

Nous avons vu qu'en phytothérapie, il fallait extraire les composés à partir des végétaux et atteindre des niveaux de pureté les plus élevés possible. Or, depuis bientôt 30 ans, le CO_2 supercritique permet de faire des extractions en chimie durable.

Le principe des procédés d'extraction de solides utilisant le CO_2 supercritique repose sur la forte variation du pouvoir solvant du CO_2 en fonction de la température et de la pression utilisées, ce qui permet d'extraire sélectivement les molécules naturelles selon leur nature chimique. Le CO_2 supercritique est souvent comparé à l'hexane du fait de leur pouvoir solvant similaire.

Vous le savez maintenant, le monde de la chimie se divise en deux familles de solvants : les solvants polaires, comme l'eau, et les solvants apolaires, comme les solvants organiques. En phase supercritique, le CO_2 se révèle être un excellent solvant des molécules apolaires ou peu polaires, alors qu'à l'état gazeux il ne l'est pas.

Une fois le composé désiré dissous dans le milieu CO_2 supercritique, il est aisé d'obtenir l'extrait pur par une simple dépressurisation qui entraîne alors la séparation du CO_2, redevenu gazeux, et de l'extrait, récupéré sous forme liquide ou solide. Les procédés supercritiques s'acquittent ainsi des opérations d'élimination des résidus de solvant d'extraction, opérations indispensables lorsque ce solvant est un composé organique liquide. L'extrait supercritique obtenu et la matrice traitée sont *in fine* totalement débarrassés de toutes traces résiduelles de solvant.

En outre, les faibles températures utilisées, comprises en général entre 40 °C et 60 °C, permettent de conserver l'intégrité chimique des molécules naturelles souvent sensibles à la chaleur et détruites lors de leur extraction par les procédés classiques de distillation ou d'hydrodistillation (nous en avons déjà parlé au chapitre précédent).

L'apolarité du CO_2 supercritique est logiquement un handicap lorsque les molécules à extraire sont polaires. Qu'à cela ne tienne ! le CO_2 supercritique peut voir sa polarité modifiée par l'ajout d'un « dopant » polaire. Ce dopant, souvent de l'éthanol, est communément appelé un « co-solvant ». Dissous dans le CO_2 supercritique à des teneurs très faibles, comprises entre 3 et 10 % en masse, son ajout permet pourtant d'augmenter le spectre des molécules extraites par le solvant supercritique.

La faible viscosité du CO_2 supercritique lui permet de diffuser au cœur des matrices solides. Le CO_2 peut ainsi aller chercher et extraire des molécules au cœur de solides tels que les végétaux. Fruits, fleurs, racines et feuilles apparaissent alors comme des candidats certains à la valorisation via ces procédés.

Quand le CO_2 supercritique apporte des solutions nouvelles

L'utilisation de CO_2 supercritique comme solvant d'extraction des produits naturels dans l'industrie est la plus ancienne et la plus développée à l'échelle industrielle. C'est notamment le cas du secteur agro-alimentaire (café, bière, arômes...), du secteur cosmétique ; c'est aussi le cas du secteur pharmaceutique.

Nous avons vu que la société allemande HAG avait, dans les années 1970, déposé les premiers brevets utilisant le CO_2 supercritique et que la société General Food utilisait toujours le procédé pour traiter plusieurs dizaines de milliers de tonnes de café par an. Le café décaféiné obtenu est exempt de solvant résiduel et la caféine obtenue est ultra-pure. Elle est donc à un grade de pureté pharmaceutique, ce qui lui permet d'être vendue... à l'industrie pharmaceutique ! Un procédé extrêmement rentable, donc...

La caféine, produit tonicardiaque naturel, est présente dans une vingtaine de médicaments et de compléments alimentaires : antimigraineux, antalgiques, stimulants, anti-mal de mer et autres vasodilatateurs...

Si le CO_2 supercritique fut longtemps considéré comme un simple solvant de substitution, il apporte maintenant des solutions nouvelles aux industriels de nombreux secteurs : la valeur ajoutée apportée à l'extrait obtenu par CO_2 en fait aujourd'hui un solvant incontournable sur la palette des solvants d'extraction. Cette valeur ajoutée, liée à l'innocuité chimique du solvant utilisé, rend les extraits obtenus d'une grande pureté, compatibles avec le label « Bio », mais aussi avec l'ensemble des standards sanitaires mondiaux. De nombreux extraits CO_2 sont d'ores et déjà commercialisés et disponibles.

Dans le spectre des extraits obtenus à partir de plantes médicinales traitées par CO_2 supercritique, nous pouvons citer les diterpènes utilisés comme antioxydants, les triterpènes utilisés comme analogues hormonaux, les phytostérols, ou encore les tetraterpènes qui contiennent des carotènes, précurseurs de la vitamine A.

Dans la famille des molécules à haute valeur ajoutée pour la santé humaine, citons également les oméga-3 ,aisément extraits des huiles de poissons des mers froides par CO_2 supercritique. Au-delà de la cosmétique et des crèmes anti-âge, les acides eicosapentaenoique (EPA) et docosahexaenoique (DHA) contenus dans ces huiles sont maintenant reconnus jouer un rôle dans la protection vis-à-vis des maladies cardio-vasculaires ou neurodégénératives. Les chercheurs ont ainsi découvert que les malades atteints de la maladie d'Alzheimer présentaient des carences significatives en EPA et DHA au niveau du cerveau.

Le réel intérêt de l'utilisation des fluides supercritiques réside aujourd'hui dans leur capacité à fournir des extraits aux propriétés différentes et souvent améliorées. Du fait de cette très grande pureté, les extraits obtenus, quelle que soit leur finalité, sont en effet différents de ceux obtenus par les procédés classiques par solvant ou par hydrodistillation et avec une qualité souvent accrue. Paradoxalement, ceci représente aujourd'hui, avec leur prix plus élevé, un frein à leur développement, les industriels leur préférant souvent des produits connus, surtout des consommateurs – et moins onéreux. Mais à long terme, cela constituera incontestablement leur intérêt majeur.

Une autre application du CO_2 supercritique concerne la dernière étape de synthèse ou de raffinage. On garde la voie de synthèse classique, avec des solvants organiques, et on ajoute une dernière étape supercritique pour purifier le produit final. Cela permet de purifier certains principes actifs en éliminant les solvants résiduels issus des synthèses successives. La société CIBA a d'ailleurs breveté l'élimination de solvants organiques classiques par CO_2 supercritique lors de la fabrication finale de comprimés pharmaceutiques. L'extraction par fluides supercritiques permet ainsi d'obtenir des extraits de valeur, en retirant un composé indésirable de manière sélective et propre. Cela apparaît très pertinent lorsque les composés dont il faut se débarrasser peuvent avoir une influence sur la santé du consommateur. C'est le cas des pesticides organophosphorés ou organochlorés, solubles dans le CO_2 supercritique et donc aisément extraits par de tels procédés. Cela permet, par exemple, d'éliminer ces pesticides dans les produits agricoles contaminés. Car si la phytothérapie prend de l'ampleur, il faut sécuriser sanitairement l'approvisionnement en plantes. Le ginseng, en particulier, est traité par voie supercritique à l'échelle industrielle afin de ramener sa teneur en pesticides organophosphorés à des valeurs admises par les pharmacopées.

Sur ce même principe d'élimination des composés indésirables ou non désirés, le CO_2 supercritique s'avère un allié puissant de la diététique, très utile lorsqu'il s'agit de « délipider » les jaunes d'œufs ou d'obtenir des fractions de matière grasse du lait sans cholestérol.

Fluides supercritiques et biodisponibilité

Une fois obtenus, les principes actifs ne sont pas utilisés tels quels, ils doivent être mis en forme. En pharmacie, les principes actifs médicamenteux sont souvent obtenus par voie chimique sous forme de poudres, ensuite comprimées sous forme de cachets. C'est un domaine scientifique pharmaceutique appelé « galénique ».

Dans le domaine de l'élaboration des poudres, le CO_2 supercritique intervient aussi au cœur de divers procédés, soit pour ses propriétés de solvant, soit pour ses propriétés d'antisolvant.

Le procédé le plus ancien, nommé RESS (pour *Rapid Expansion of Supercritical Solution*), repose sur les propriétés de solvant du CO_2 supercritique. Le principe consiste à dissoudre, dans un autoclave, des molécules actives dans du CO_2 supercritique. Ce mélange CO_2 supercritique/molécules est ensuite acheminé dans une enceinte à basse pression, au travers d'une buse d'un diamètre de quelques microns. Cette chute de pression extrêmement rapide s'accompagne directement d'un phénomène d'apparition de poudres de très petites tailles, de l'ordre du micromètre, le millionième de mètre.

Ce procédé ne fonctionne pour l'instant qu'avec des molécules solubles dans le CO_2 supercritique (l'ajout de co-solvant ne fonctionne pas toujours, car il peut influer sur la morphologie finale de la poudre obtenue, et donc sur son activité thérapeutique).

Il est quand même possible d'envisager l'élaboration de poudre par CO_2 supercritique pour des molécules qui n'y sont pas solubles. Le procédé SAS (pour *Supercritical Anti-Solvant*) permet de pallier ce problème. Le principe consiste cette fois-ci en une solubilisation des molécules à traiter dans un solvant organique classique, lui-même soluble dans le CO_2 supercritique. La mise en contact de cette solution avec du CO_2 supercritique va conduire à la formation de deux phases qui coexistent, l'une constituée du solvant organique et des molécules, l'autre constituée du CO_2 supercritique et d'une quantité de solvant organique. À force de rajouter du CO_2, les molécules vont se trouver progressivement « en manque » de solvant organique, ce qui va entraîner leur précipitation ou leur recristallisation sous forme de poudre fine. L'effet antisolvant du CO_2, qui prive les molécules de leur solvant initial, provoque ici aussi une micronisation rapide des molécules. Les poudres obtenues varient de 0,1 à 1 micromètre.

Quel est l'intérêt d'obtenir des poudres aussi fines ?

Les procédés décrits précédemment (RESS et SAS) peuvent avantageusement être mis en œuvre dans le but de formuler des principes actifs dont la biodisponibilité est accrue.

Les principes actifs modernes développés pour la pharmacie sont très souvent insolubles dans la plupart des solvants, et notamment dans l'eau dont notre organisme est formé à 70 %. Les molécules insolubles dans notre organisme sont dites peu « biodisponibles » pour un effet thérapeutique.

Pour contrecarrer cela, les pharmaciens formulent des médicaments en incorporant des quantités importantes de principes actifs, 1 000 mg par exemple.

Une autre voie pour rendre les molécules plus solubles est de diminuer le plus possible la taille des agrégats, de microniser les molécules. Concrètement, cela signifie que, même à faible dose, les principes actifs obtenus seront mieux assimilés par le corps humain. Ils vont mieux passer la barrière intestinale, les alvéoles pulmonaires ou même la barrière hémato-encéphalique. Ils seront aussi plus solubles dans le sang, ils vont donc être transportés partout dans le corps, et mieux atteindre les organes malades. Enfin, ils vont traverser les membranes cellulaires, pour une action thérapeutique au cœur même de notre organisme.

Cela représente beaucoup d'avantages pour tout le monde.

Pour les pharmaciens, cela veut dire qu'ils ont à disposition plus de matière première active. Si 1 mg de principe actif suffit là où 1 000 mg étaient auparavant nécessaires, cela veut dire que les pharmaciens disposent de 999 mg de matière première active supplémentaire. Et pour le patient, si la dose efficace devant être ingérée est moindre, cela limite les effets secondaires pour son organisme.

Dès 2000, différentes équipes de recherche, dont celle que je dirigeais à l'époque, ont participé au développement de procédés qui utilisent entre autres du CO_2 supercritique pour augmenter la biodisponibilité des principes actifs. Le pilote industriel que nous avons conçu à l'époque au CEA est maintenant l'élément majeur du centre de recherche Fluides supercritiques dont la société Pierre-Fabre dispose à Gaillac. Le procédé Formulplex® développé par cette société est un procédé de micronisation de principes actifs pharmaceutiques. Les résultats obtenus sur certaines molécules montrent qu'il est effectivement possible, en diminuant la taille des principes actifs, de multiplier par 1 000 leur biodisponibilité. Pour ce procédé, la société Pierre-Fabre a reçu le prix Pierre-Potier 2009 de « l'innovation en chimie en faveur du développement durable ».

Pour l'environnement, enfin, ces procédés permettent non seulement de contourner les problèmes liés à l'utilisation de solvants, mais également de limiter les rejets en milieu naturel de molécules actives. Nous savons maintenant que, dans les stations urbaines de traitement des eaux usées, des quantités importantes de médicaments non métabolisés par l'organisme sont présentes. C'est le cas par exemple des hormones des pilules contraceptives ou des restes de paracétamol, consommés en quantités industrielles. Ces molécules ne sont pas détruites lors de leur passage en station et elles vont être rejetées telles quelles. Ces produits se retrouvent ensuite dans les nappes phréatiques ou dans les océans, induisant des impacts colossaux pour l'environnement. Une rumeur circule chez les chercheurs, qui indique que sur les côtes maritimes des pays industrialisés, chaque mètre cube d'eau de mer contiendrait l'équivalent d'un demi-comprimé de paracétamol… Même si cela n'est pas encore prouvé, cela donne malgré tout une idée du gâchis sanitaire et environnemental qu'il faut absolument endiguer.

La chimie verte au cœur de la santé humaine n'est pas une utopie, mais une réalité scientifique et industrielle. L'enjeu est de taille et les moyens déployés colossaux.

Nous allons maintenant aborder un autre objectif, étroitement lié à la santé : la production d'eau potable.

De l'eau potable pour tout le monde

L'eau potable est devenue une matière première de première importance car sa raréfaction et le manque d'installations de recyclage d'effluents urbains et industriels sont devenus préoccupants.

En 2002, René Coulomb, vice-président du World Water Council, a frappé les imaginations. Il a clairement indiqué que 1,2 milliard de personnes n'avaient pas accès à l'eau potable et que plus du double (2,5 milliards de personnes) n'avaient pas accès à des installations de traitement d'eau. Il a conclu sa présentation en indiquant que plus de 2 millions d'individus, essentiellement des enfants, mouraient chaque année du non-accès à l'eau potable – ce qui équivaut à un Boeing 747 rempli d'enfants s'écrasant toutes les deux heures…

Fin 2008, 884 millions de personnes dans le monde n'avaient toujours pas accès à l'eau potable, mais l'objectif visant à diminuer de 50 % le pourcentage de la population n'ayant pas accès à cette ressource devrait être atteint ou dépassé en 2015. Toutefois, à cette période, 2,7 milliards d'individus – presque un tiers de la population mondiale – seront encore démunis d'installations sanitaires. Aux 2 millions de personnes qui meurent du non-accès direct à l'eau potable, il faut ajouter celles qui disparaissent du fait de l'absence d'installations de traitement des eaux usées : 5 millions de personnes meurent ainsi chaque année de maladies liées à l'eau insalubre, telles que le choléra, la diphtérie, les diarrhées hémorragiques, les hépatites, la typhoïde…

L'eau, précieuse ressource

De la source au robinet…

Dans les pays les plus riches, il suffit d'ouvrir un robinet pour que l'eau coule à profusion dans notre verre. Mais d'où vient cette eau qui est transportée jusqu'à nous ?

Tout d'abord, il existe deux sources d'eau possibles. Il y a d'abord l'eau que l'on capte dans les nappes phréatiques (que nous appelons communément les « sources »). Cette eau, souvent de très bonne qualité sanitaire, est rapidement acheminée vers un réservoir de distribution d'eau. L'autre possibilité est d'utiliser les eaux de surface – les eaux de rivières ou celles des lacs. Cette eau doit souvent être traitée, par floculation pour faire précipiter les métaux présents et par filtration grossière pour enlever les particules en suspension, avant d'être acheminée vers le réservoir.

L'eau est alors distribuée vers les habitations, les eaux usées sont ensuite envoyées vers les égouts, et plus précisément vers les stations urbaines de traitement d'eau. L'eau traitée par des voies biologiques et par des voies chimiques est ensuite rejetée dans le milieu naturel... La boucle est bouclée.

À un stade plus large, la nature est régie par un cycle global de l'eau, dont le soleil est la force motrice. En une année, 500 000 km^3 sont évaporés à la surface de la planète à l'aide de la chaleur du soleil, et la même valeur est précipitée sous forme de pluies fines ou d'orages violents. C'est le cycle hydrologique et celui de la vie sur terre. Mais regardons plus en détail :

À la surface des océans de la planète, environ 430 000 km^3 d'eau sont évaporés par an à l'aide du soleil, et, dans la même année, seulement 390 000 km^3 sont précipités sous forme de pluie sur les mers du monde. Cela se traduit donc par un déficit de 40 000 km^3. Au même moment, cette fois à la surface des continents, 110 000 km^3 d'eau sont précipités sous forme de pluie, alors que seulement 70 000 km^3 sont évaporés à partir de la surface des rivières et des lacs. Les 40 000 km^3 disparus au-dessus des océans sont en fait déversés sur les continents et cet excès est résorbé via les fleuves qui se déversent dans les océans. La boucle est donc bouclée. Cet excès de 40 000 km^3 de précipitations sur les continents n'est toutefois pas directement utilisable par l'homme : 27 000 km^3 sont directement entraînés vers la mer du fait de crues importantes et seulement 13 000 km^3 sont utilisables par l'homme. Actuellement, l'agriculture mondiale consomme 3250 km^3/an. Pour l'industrie et les besoins domestiques, les consommations annuelles sont de 1300 et 700 km^3. Ce total de 5250 km^3/an devrait grimper à 9750 km^3/an en 2050 du fait de l'accroissement de la population.

13000 km^3 disponibles pour 9750 km^3 utilisés chaque année, cela semble favorable, et pourtant ça ne l'est pas. Où est le problème ? Il se situe à plusieurs niveaux. En premier lieu, l'eau de pluie qui va alimenter les eaux de surface et celles des nappes phréatiques ne va pas rejoindre les océans via un long fleuve tranquille… L'activité humaine augmentant, la pollution des eaux urbaines et industrielles implique que le retour dans les océans se fasse après passage dans une station de traitement des effluents, sous peine de transférer la pollution dans les mers du monde. Si nous ne traitons pas les eaux polluées, la pollution tend mathématiquement à diminuer les réserves d'eau disponibles.

Mais le problème essentiel est que l'eau directement potable est peu et mal distribuée à la surface de la planète. Si 70 % de la surface de la planète est recouverte d'eau, 97,5 % de l'eau accessible est salée, 97 % provenant des océans et 0,5 % des sources d'eau saumâtre. Pour les 2,5 % d'eau douce restants, 70 % sont piégés dans les glaces de l'Antarctique et de l'Arctique. Si nous ajoutons l'eau piégée dans les couches géologiques et par l'humidité des sols, la quantité d'eau douce accessible est de l'ordre de 0,01 % de l'eau totale. Imaginez un instant que toute l'eau de la planète, principalement celle des océans, soit contenue dans une bouteille de 1 litre. La quantité d'eau potable directement accessible représenterait le quart d'une cuillère à café. Difficile donc de remplir toutes les gourdes du monde, qui plus est de manière homogène…

Car l'eau n'est pas distribuée de manière homogène à la surface de la planète et de nombreux pays de la frange équatoriale sont en manque d'eau : un Africain dispose d'environ 30 litres d'eau par jour alors qu'un Européen en utilise 300 litres. Un Américain va utiliser 600 litres par jour – un chiffre qui peut atteindre 1 000 litres s'il habite New York…

L'eau est d'ailleurs la source des conflits modernes. C'est le cas de la bande de Gaza et de l'accès à l'eau du Jourdain que se disputent Israéliens et Palestiniens. Ailleurs, le Tibet est quant à lui considéré comme le château d'eau de l'Asie. La majeure partie des grands fleuves asiatiques prennent leur source au Tibet et il n'est pas question pour les Chinois d'en perdre le contrôle…

Un bien surexploité

Dans son rapport 2008 intitulé *Planète vivante*, le World Wildlife Fund (WWF) définit le concept de l'« empreinte d'eau de consommation » pour un pays donné. Cette empreinte correspond au volume total d'eau utilisé pour produire les biens et services consommés par habitant et par an et est basée sur deux éléments, l'un interne, l'autre externe. Le premier correspond au volume d'eau nécessaire pour fournir les biens et services qui sont produits et consommés dans le pays, le second au volume d'eau nécessaire pour la production des biens importés – c'est en quelque sorte l'eau consommée ailleurs pour satisfaire nos propres besoins.

Les États-Unis et la Grèce étaient, à la fin du siècle dernier, les deux premiers pays en termes d'empreinte d'eau de consommation. Ils sont depuis rattrapés par les pays en fort développement comme la Chine. En moyenne, pour tous les pays étudiés, l'empreinte d'eau de consommation mondiale en 2001 était de 1 240 m^3 par personne et par an. Cela correspond à la moitié du volume d'une piscine olympique. Toujours en moyenne, l'empreinte d'eau externe représente 16 % de l'empreinte d'eau totale, avec des variations importantes au sein d'un même pays et/ou entre différents pays. 27 pays ont une empreinte externe supérieure à 50 % : ces pays consomment donc indirectement la moitié de leur eau via les réserves d'autres pays. Si cette stratégie permet à ces pays de faire face à court terme à des pénuries en eau, elle induit une mondialisation des impacts environnementaux. L'impact environnemental de l'empreinte d'eau de consommation est directement lié au lieu de prélèvement de l'eau utilisée. Dans les zones du monde où elle est abondante, cet impact peut être considéré comme faible. Mais dans les zones du monde en déficit hydrique, la consommation d'eau peut entraîner l'assèchement des réserves, l'effondrement des écosystèmes et, *in fine*, la destruction de la biodiversité et des ressources agricoles.

Nous venons de réfléchir à la consommation humaine. Il est tout aussi possible de calculer l'empreinte d'eau de consommation pour un produit fabriqué : c'est le volume total d'eau douce utilisée pour fabriquer le produit considéré, sur l'ensemble de sa chaîne de production. De nos jours, la pression globale sur les ressources en eau douce augmente car la demande en produits qui mobilisent de grands volumes d'eau pour leur production est en progression constante. Parmi ces produits, nous trouvons notamment la viande, les produits laitiers, le sucre et le coton.

3,7 % de l'eau utilisée dans le monde pour la production agricole est destinée à la production du coton. Un tee-shirt en coton « coûte » ainsi 2900 litres d'eau douce.

De la même manière, 3,4 % de l'eau utilisée dans le monde pour la production agricole est destinée à la production de canne à sucre. Un humain consomme en moyenne 70 grammes de sucre par jour : cela correspond à une consommation de 100 litres d'eau... et met le kilogramme de sucre à 1 500 litres d'eau douce. Exorbitant !

Plus préoccupant encore : 23 % de l'eau consommée dans l'agriculture mondiale est destinée à la production de bétail. Cela représente l'équivalent de plus de 1 150 litres d'eau par habitant et par jour. Le kilogramme de viande de bœuf coûte approximativement 15500 litres d'eau douce. Vu sous cet angle, c'est tout simplement délirant...

Le rapport du WWF conclut qu'environ les trois quarts de la population mondiale vivent dans des pays « *écologiquement endettés* ». Dans ce classement, l'Espagne occupe notamment la 12e place et affiche un déficit écologique de 38 %. Ce pays aurait, dans le futur, besoin de presque 3 pays et demi pour satisfaire sa demande...

La consommation effrénée de l'eau a positionné certains pays en « stress hydrique ». La notion de stress hydrique apparaît lorsque la demande en eau dépasse la quantité disponible pendant une certaine période ou lorsque sa mauvaise qualité en limite l'usage. Cela entraîne une dégradation des ressources d'eau douce tant en quantité qu'en qualité : les eaux souterraines sont surexploitées, les rivières asséchées – ce qui induit une augmentation sensible de la pollution par la matière organique, un accroissement de la présence de sels…

Les pays considérés en stress hydrique sont ceux pour lesquels la disponibilité naturelle en eau douce par an et par habitant est inférieure à 1 700 m^3. Dans les zones arides du monde, ce stress est très élevé et risque d'engendrer de graves pénuries dans un futur proche. Selon le Programme des Nations unies pour l'environnement (PNUE), les pays du Proche-Orient, du Moyen-Orient, d'Afrique du Nord et de l'Asie sont considérablement touchés par ce phénomène. L'Australie, l'Afrique du Sud, l'Amérique du Sud et l'ouest des États-Unis sont aussi touchés localement par la pénurie d'eau. Dans le pourtour méditerranéen, la Grèce, l'Espagne, l'Italie, le Portugal et Chypre ont régulièrement à faire face à des situations de stress hydrique.

En 2003, 30 pays étaient totalement en situation de stress hydrique, 50 en 2010 et ils seront 70 à l'horizon 2050. Ainsi, les projections du PNUE sont-elles très préoccupantes : d'ici 2025, plus de 2,8 milliards de personnes auront à faire face à une situation de stress hydrique. Tout cela est le résultat de plusieurs phénomènes : le triplement, au cours du XXe siècle, de la population mondiale ; la multiplication par six de la consommation mondiale d'eau douce. C'est une constante, les besoins en eau augmentent 2 fois plus vite que la population – l'urbanisation galopante et les besoins croissants de l'industrie et de l'agriculture ne sont pas étrangers à ce phénomène et le changement climatique en cours n'arrange pas les choses. Il devient donc urgent d'économiser l'eau et de mieux la gérer.

Mieux gérer l'eau grâce à la chimie

La réponse intuitive serait de tenter de réduire les inégalités géographiques. Une coopération internationale sur la gestion des ressources en eau semble donc indispensable. C'est d'autant plus vrai qu'environ 263 cours d'eau et lacs les plus importants au monde et des centaines de nappes aquifères traversent les frontières. Mais cela pose des problèmes géopolitiques entre le Maroc et l'Espagne, Israël et les territoires de Gaza, l'Égypte et le Soudan, le Liban et la Syrie… Plus proche de nous, des projets de transfert d'eau ont existé entre la France et l'Espagne, le fameux canal Rhône-Catalogne notamment, qui devait permettre à Barcelone de disposer d'une réserve en eau douce plus importante. Les Français n'ont pas été d'accord au final…

Une histoire étonnante existe en Méditerranée et dans d'autres régions du monde où l'eau est manquante. Elle concerne la récupération de la rosée du matin. À la différence de la pluie et du brouillard qui sont considérés comme des précipitations atmosphériques, l'eau issue de la rosée est présente dans l'air sous forme de vapeur qui se condense au petit matin en phase liquide du fait de la combinaison de la diminution de la température et de la rencontre avec un support (feuilles d'arbres, pétales de fleurs…). La connaissance des phénomènes en chimie de l'eau montre que le rendement de production d'eau issue de la rosée est intimement lié à la nature de la surface de condensation et de l'environnement dans lequel elle se trouve.

Les Grecs et les Romains connaissaient ce phénomène : on retrouve tout autour du pourtour méditerranéen des empilements artificiels de roches de forme cubique qui génèrent une très grande surface de contact. À la base de ces empilements de plusieurs mètres de diamètre, un système de drainage permettait de récupérer plusieurs litres d'eau piégés tous les matins. Inespéré dans les régions arides de la Méditerranée. Ailleurs dans le monde, dans les déserts du Chili par exemple, d'immenses filets sont, depuis des siècles, tendus verticalement, qui, tous les matins, piègent des millions de gouttes d'eau.

Daniel Beysens et ses collaborateurs du CEA et du CNRS, des chercheurs français et étrangers, ont, au début des années 2000, remis ce phénomène au goût du jour en étudiant la potabilité de cette eau de rosée et l'optimisation de sa production – en théorie 1 litre par m^2 de surface et par jour. Cette eau est de fait chimiquement et bactériologiquement potable et plusieurs litres en sont produits par jour sur des sites expérimentaux. C'est donc une source d'eau renouvelable tout à fait réelle. Bien sûr, nous ne sommes pas encore au niveau des m^3, mais ce sont les petits ruisseaux qui font les grandes rivières...

Éviter le gaspillage

Une autre possibilité simple et efficace est de mieux gérer la demande en eau potable. C'est aujourd'hui une priorité car au moins un tiers de l'eau prélevée est gaspillée. Dans les réseaux urbains de distribution anciens et en mauvais état, 50 % de fuites sont couramment observées. Un investissement dans l'amélioration de l'état des réseaux avec des tuyaux en matières plastiques, résistants et peu chers serait une évolution à portée de tous les pays.

Pour aller encore plus loin, le CEA et la société française Ryb ont, en 2010, présenté la première canalisation plastique détectable et communicante au monde. Par nature, les canalisations plastiques en chlorure de polyvinyle (PVC) sont totalement inertes et deviennent difficilement détectables une fois enfouies. Seuls les relevés topographiques permettent de les situer. Mais l'environnement urbain évolue, rendant la vision du sous-sol imprécise, au risque de perdre la trace des canalisations. Cela rend leur suivi et leur maintenance impossibles et accroît le risque d'accidents lors de travaux de terrassement « en aveugle ». Après 3 ans de recherches et 1 million d'euros d'investissement, le partenariat a permis la conception et la mise au point de la première canalisation plastique détectable et communicante au monde, intégrant un nouveau type de technologie RFID. La radio-identification désignée par le sigle RFID (de l'anglais Radio Frequency IDentification) est une méthode pour mémoriser et récupérer des données à distance en utilisant des marqueurs appelés « radio-étiquettes ». Ces étiquettes intelligentes sans fil sont lisibles par ondes hertziennes et non par lecture optique, comme c'est le cas pour les codes-barres.

Équipée de cette étiquette sans fil, la canalisation devient alors détectable jusqu'à 1,50 m de profondeur d'enfouissement, avec une précision horizontale de l'ordre de quelques centimètres. Les opérations de détection, localisation et de lecture des informations stockées dans la puce RFID sont insensibles au type de sol utilisé pour l'enfouissement : goudron, sable, terre, cailloux... et cela marche même si elle est immergée dans l'eau (directement dans les nappes phréatiques par exemple).

Chaque canalisation sera donc repérée, identifiée, facilement changée en cas de problèmes, et plus jamais détruite accidentellement en cas de travaux. Prenons-nous à rêver : un jour ces canalisations pourront sûrement avertir en cas de défaillance et de fuite. Ce type de canalisation qui a permis le mariage entre la chimie et l'électronique devrait améliorer la sécurité, le suivi et l'entretien des réseaux d'eau potable, d'eaux usées et industrielles, mais aussi de gaz, d'électricité et de télécommunications.

Mieux gérer l'eau douce, c'est aussi optimiser l'eau utilisée lors de l'irrigation excessive en agriculture. Nous l'avons vu dans un précédent chapitre, l'appauvrissement des sols conduit à une érosion significative. L'eau d'arrosage, surtout si elle est délivrée localement en quantité excessive, traverse donc le sol sans s'arrêter pour rejoindre directement la nappe. 60 % de l'eau d'irrigation peut être totalement inutile pour l'agriculture ! Comment faire pour retenir l'eau dans les sols à cultiver ?

En Côte-d'Ivoire, la fibre des noix de coco est récupérée et mise en forme (fibres et poudres) pour servir de substrat pour les cultures hors sol ou pour être mélangée au sol et augmenter sa capacité de rétention d'eau. Ces produits organiques naturels, totalement biodégradables, augmentent jusqu'à 500 % la rétention d'eau de sols traités. Cela permet un développement deux fois plus rapide des plantes via une gestion rationnelle et économique de l'eau d'irrigation. Sans compter que la porosité des substrats en coco permet l'absorption maximale des engrais.

Le dessalement de l'eau de mer et des eaux saumâtres

Pour répondre aux besoins de production massive d'eau potable, il convient de développer des technologies pour puiser l'eau là où elle est la plus abondante : dans la mer et les océans, dans les eaux saumâtres de notre sous-sol.

À petite échelle, pour dessaler l'eau de mer, on utilise des distillateurs solaires. De taille limitée, ils vont tirer profit de l'énergie solaire (et donc de l'effet de serre) pour produire de la vapeur à partir d'eau de mer, qui va ensuite être condensée sur une vitre dont une des faces est placée à température ambiante. L'eau condensée ruisselle sur cette vitre et est récupérée par gravité (nous retrouvons ici le phénomène expliqué avec la rosée). Il faut juste l'énergie nécessaire pour faire circuler l'eau de mer entrante et celle en sortie un peu plus concentrée en sel, appelée aussi « saumure ». Le rendement de concentration en sel est faible, car toute l'eau est loin d'être évaporée par la seule énergie du soleil. Si la concentration en sel est faible d'un côté, cela signifie que de l'autre côté, peu d'eau dessalée est produite. Des installations de ce type existent au Sénégal, sur les îles du Saloum : quelques litres d'eau potable sont ainsi produits par m^2 et par jour.

Au stade industriel, pour de plus gros volumes, le dessalement de l'eau de mer ou des eaux saumâtres est assuré par deux familles de procédés : les procédés thermiques de distillation multi-étagée et les systèmes membranaires d'osmose inverse.

Quelle que soit la famille de procédés envisagée, il existe toujours quatre étapes successives :
– une prise d'eau de mer à l'aide d'une pompe, suivie d'une filtration grossière ;
– un prétraitement avec filtration plus fine, addition de composés biocides et antitartre ;
– le procédé de dessalement lui-même ;
– le post-traitement avec reminéralisation de l'eau produite. (L'eau dessalée est en effet trop pure et impropre à la consommation humaine. Il faut donc ajuster sa concentration en sels pour la rendre potable, notamment par mélange d'un

volume d'eau de mer pour plusieurs dizaines de volumes d'eau dessalée.)

La saumure doit être rejetée dans l'environnement en évitant de le perturber. La gestion du rejet dans le milieu marin des saumures fait l'objet d'efforts constants. Les rejets faits directement en bord de mer, juste à côté de l'usine de dessalement, peuvent causer de redoutables dégâts environnementaux. C'est malheureusement ce qui a pu se passer dans les pays du golfe Persique dans les années 1980. Aujourd'hui, des infrastructures de dispersion des saumures au large des côtes maritimes, dans des zones de courants forts, permettent de minimiser les impacts environnementaux.

Le procédé thermique de distillation multi-étagée a longtemps représenté 90 % du marché. La distillation permet la production d'eau douce ainsi que la cogénération d'électricité en utilisant la détente de la vapeur dans des turbines. Mais cette famille de procédés thermiques emploie de l'énergie fossile – du pétrole – pour chauffer l'eau à partir de l'eau de mer et la récupérer après condensation. Le rendement d'évaporation est meilleur qu'avec la seule énergie du soleil, mais le bilan énergétique n'est lui pas très favorable, surtout pour de grands volumes de production. Aussi les procédés membranaires ont-ils le vent en poupe. Les progrès constants en chimie des polymères depuis 30 ans ont conduit à la fabrication de membranes d'osmose inverse, des filtres en plastique extrêmement sélectifs et peu chers. À partir d'eau de mer et sous l'effet de la mise en pression du système, une alimentation liquide rencontre une membrane qui va tout retenir, notamment les sels, et ne laisser passer que le « perméat », composé uniquement d'eau. Ce qui a été retenu, le rétentat, est renvoyé vers l'alimentation pour un second passage dans la membrane, et ainsi de suite pendant 5 fois. À partir d'un liquide concentré, l'eau de mer, nous fabriquons donc de l'eau pure et un liquide encore plus concentré que l'eau de mer. Nous allons donc à l'inverse d'un phénomène chimique bien connu appelé « osmose », qui tend spontanément à harmoniser les concentrations entre deux compartiments différents. Aussi le procédé membranaire s'appelle-t-il judicieusement « osmose inverse ». Il n'est pas perpétuel et va s'arrêter lorsque la concentration de la solution d'alimentation va devenir tellement élevée que la pression appliquée au système (environ 80 bars) ne suffira plus à récupérer l'eau à travers la membrane.

Pour mieux savoir ce qui passe et ce qui est retenu par la membrane, il nous faut savoir de quoi est en fait composée l'eau de mer. Elle est en moyenne composée de 96,5 % d'eau pure (le futur perméat) et de 3,5 % de sels, de gaz dissous, de composés organiques, etc. Le sel majoritaire est le chlorure de sodium, NaCl, mais les sulfates et le magnésium sont aussi présents significativement. La concentration en sels est en moyenne de 35 à 39 g/litre en Méditerranée, de 40 g/l en mer Rouge et cela monte à des valeurs vertigineuses de 270 g/l pour la mer Morte, qui porte bien son nom. Parmi les gaz dissous, les constituants de l'air sont majoritaires (l'azote et l'oxygène sont respectivement présents à hauteur de 64 et 36 %). Plus important à savoir, la concentration en CO_2 y est de l'ordre de 2 %, alors que dans l'air, elle plafonne habituellement à 0,03 %. Ces deux valeurs sont liées. Nous comprenons donc pourquoi, avec l'élévation du niveau de CO_2 dans l'atmosphère depuis que l'homme a une activité industrielle et urbaine, il faut s'attendre à une augmentation très importante du niveau de CO_2 dissous dans l'eau de mer. Cela permet certes de capturer une partie du CO_2 en excès dans l'air, mais ce dioxyde de carbone a, dans l'eau, la fâcheuse tendance à se transformer en acide carbonique. L'acidification de l'eau de mer n'est pas sans influence sur l'environnement et la biodiversité. Techniquement parlant, cette fois, cette acidité risque peut-être d'accélérer le vieillissement des membranes d'osmose inverse.

Une autre source d'eau salée représente une alternative possible : les eaux saumâtres, qui représentent environ un tiers des sources d'eau salée pour le dessalement. Leur salinité est inférieure à celle de l'eau de mer : elle varie entre 1 et 10 g de sels par litre. Présentes parfois en surface, les eaux saumâtres sont le plus souvent des eaux souterraines, qui ont la bonne idée d'exister même à longue distance des rivages côtiers. Leur composition dépend des sols traversés et les principaux sels dissous sont $CaCO_3$, $CaSO_4$, $MgCO_3$ et NaCl.

Le marché du dessalement d'eau de mer ou d'eau saumâtre est apparu dans les années 1960 dans les pays du golfe Persique, qui possèdent des réserves énergétiques immenses, mais peu ou pas d'eau douce. Hier encore verrouillé par la distillation, il est aujourd'hui tenu à plus de 50 % par l'osmose inverse, et cette part est en constante augmentation. Cela se traduit par des niveaux d'investissement plus faibles, une augmentation accrue de la qualité des membranes et des capacités de production plus modulables.

2,4 milliards de personnes, soit 39 % de la population mondiale, vivent à moins de 100 kilomètres de la mer. Aujourd'hui, les capacités de dessalement d'eau de mer ne profitent qu'à 60 millions d'habitants.... Tout cela augure d'un beau potentiel !

« *Nous manquons d'eau dans les Émirats ? Mais c'est faux, regardez : la mer est pleine !* » Cette citation d'un ingénieur travaillant dans une des plus grandes usines de dessalement du monde, produisant 450 000 m^3 d'eau douce par jour par osmose inverse, démontre l'espoir qui habite les industriels des pays touchés par le manque d'eau. Malgré des situations locales difficiles en Arabie Saoudite, en Espagne ou en Algérie (du fait du climat, de l'urbanisation ou de l'accès à l'énergie), ces pays accélèrent le dessalement de l'eau de mer pour mieux maîtriser leur consommation d'eau potable. Car le dessalement est bel et bien une réalité industrielle.

Localisée sur la côte sud d'Israël, l'usine de dessalement d'eau de mer par osmose inverse d'Ashkelon répond à environ 15 % de la demande de ce pays en eau potable. C'est la première des installations de ce type planifiée en Israël dans le cadre du *Desalination Master Plan* (qui prévoit la réalisation de 3 autres usines identiques). 300 000 m^3 d'eau potable sont produits par jour dans cette usine – plus de 100 millions de m^3 par an. Quarante mille membranes sont installées sur une surface de 75 000 m^2, laquelle abrite une station autonome de production d'énergie de 80 mégawatts. Cette usine de dessalement, qui a coûté 200 millions de $, permet de produire une eau potable à 0,40 € le m^3. En France, vous payez le m^3 d'eau autour de 3 €, auxquels il faut ajouter le coût de la distribution et les taxes. L'eau osmosée est donc économiquement compétitive.

Lancée en 2003, la construction de l'usine d'Ashkelon a été terminée en 2005, et en 2006, la première centaine de millions de m^3 était atteinte. Les Chinois ont environ quatre usines type Ashkelon en projet et les Australiens viennent de terminer une usine à 450 000 m^3/jour, toujours sur le même modèle. Cette usine bénéficie des derniers progrès technologiques en termes de membranes, mais aussi de rejets. Un système de canalisations complexes à sorties multiples permet en effet d'optimiser les rejets de saumures. Un système informatique enregistre les variations de tous les courants marins autour de la zone de rejet en temps réel. Cela permet de choisir la zone de sortie qui va être en contact avec les courants les plus violents, et assure ainsi une dilution immédiate de la saumure.

Les chimistes sont pleins de ressources : certains imaginent même utiliser les saumures comme matière première. En effet, elles contiennent des sels (sodium, potassium ou phosphore) utiles pour l'agriculture, mais aussi des espèces plus rares tels que le rubidium, le césium ou le germanium, utilisés dans l'électronique. De l'uranium serait même potentiellement récupérable…

Mais revenons à nos membranes.

Ode aux membranes

Nous l'avons déjà vu au fil des précédents chapitres, les procédés de séparation à membranes sont impliqués dans de nombreuses opérations industrielles. Et les membranes font l'objet d'un grand nombre de travaux de recherche dans leur conception et dans leur mode de mise en œuvre.

Les procédés membranaires présentent beaucoup d'avantages et quelques inconvénients qui, au final, positionnent favorablement ces techniques.

Parmi les avantages : la grande qualité du produit final, obtenue grâce à des performances de séparation élevées, un traitement doux à basse température, une absence de résidus indésirables (de traces de solvant). Ces procédés présentent en outre une facilité d'emploi quand il s'agit de les extrapoler du laboratoire à l'usine. Enfin, les procédés membranaires sont toujours des procédés économes en énergie, surtout par rapport aux procédés thermiques.

Parmi les inconvénients : un niveau d'investissement et un temps de retour sur amortissement élevé, le coût de fonctionnement doit notamment intégrer le remplacement des membranes, après quelques années d'utilisation. Pour les maintenir le plus longtemps possible en état de marche, les membranes sont nettoyées régulièrement, ce qui en assure un décolmatage efficace. Tout cela limite la pénétration des procédés membranaires dans les régions les moins riches du globe.

La membrane, l'élément clé du procédé membranaire, est une structure matérielle mince qui permet l'arrêt ou le passage de substances entre les volumes qu'elle sépare, sous l'effet d'une force de transfert. Barrière semi-perméable, elle autorise le passage préférentiel de certaines substances entre deux phases : l'alimentation et le perméat.

Un aspect fondamental des procédés membranaires est la force motrice mise en jeu. Cette force motrice provient d'une différence de potentiel de nature variable : de concentration, électrique, de pression, de température.

Les procédés mettant en œuvre une différence de pression transmembranaire en tant que force motrice utilisent donc une énergie d'origine mécanique. Les pompes utilisées fonctionnent avec de l'électricité, et non avec de la vapeur d'eau. Ces procédés sont classés selon la masse des composés à séparer.

La filtration classique est originellement adaptée à des particules supérieures au micromètre, alors que les techniques de filtration tangentielle à membrane – microfiltration, ultrafiltration, nanofiltration et osmose inverse – sont adaptées à des composés de taille inférieure au micromètre.

La microfiltration fractionne des composés de taille de l'ordre du micromètre (10^{-6} m) et va donc séparer des microparticules ou des bactéries ; la nanofiltration est capable de fractionner des composés de l'ordre du nanomètre

(10^{-9} m) ; l'ultrafiltration concerne tous les composés de taille intermédiaire : macromolécules, colloïdes, protéines, etc.

Quant à l'osmose inverse, dès 1969, un chercheur américain d'origine indienne, S. Sourirajan, la présentait comme un procédé industriel « en rupture technologique » pour le traitement de l'eau en général, et le dessalement de l'eau de mer en particulier. Nous pouvons préciser les choses en disant que l'osmose inverse s'applique à la séparation d'espèces chimiques dont la masse moléculaire est du même ordre de grandeur que celle du solvant qui les contient, c'est-à-dire l'eau. En pratique, les membranes d'osmose inverse vont donc avoir une très grande affinité pour l'eau et retenir les sels et les molécules de petites tailles.

Les traitements de l'eau

Si l'osmose inverse et la nanofiltration sont des procédés impliqués dans un grand nombre d'opérations de traitement d'eau, l'osmose retient tous les composés alors que la nanofiltration laisse passer les petits ions et les toutes petites molécules. Ces procédés sont donc complémentaires et utilisés en fonction des performances demandées et de la source d'eau à traiter.

La nanofiltration est un procédé applicable au traitement de l'eau saumâtre et à la production d'eau potable. L'eau obtenue après perméation est directement stérile, adoucie et à très faible teneur en matières organiques et en colorants résiduels. Un premier exemple industriel proche de nous peut être donné et il concerne le traitement des eaux de l'Oise : depuis 1995, le Syndicat des eaux d'Île-de-France et Veolia ont mis en chantier à Méry-sur-Oise une usine capable de produire quotidiennement 140 000 m^3 d'eau potable « sans goût de chlore », c'est-à-dire une eau suffisamment pure pour qu'une faible quantité de chlore ajoutée suffise pour la stabiliser. L'eau potable est produite à partir de l'eau d'une rivière : l'Oise.

L'eau de la rivière est préalablement filtrée grossièrement, acidifiée et traitée pour éviter l'entartrage des membranes (lesquelles sont régulièrement nettoyées à l'acide citrique, un acide doux d'origine organique). Le système comporte plusieurs étages de nanofiltration. Après traitement, l'eau est dégazée et neutralisée. Cela permet un adoucissement de l'eau et l'élimination des pesticides contenus dans les eaux de rivière. La nanofiltration permet par ailleurs une décontamination microbiologique, c'est-à-dire que les micro-organismes sont retenus par la membrane. Une faible chloration (de l'ordre de 0,3 mg par litre) permet alors d'éviter toute recontamination bactérienne. Il est intéressant de constater que de nombreux composés chimiques toxiques de petite taille peuvent s'adsorber sur des molécules plus grosses et être ainsi mieux retenus par les membranes. De cette manière, dans le procédé de nanofiltration, il est, en plus des pesticides, possible de retenir des métaux lourds, des colorants, des molécules médicamenteuses que l'on retrouve un peu partout dans les eaux de surface – comme nous l'avons vu précédemment – et même les nitrates. Depuis plus de 10 ans, l'usine exploitée à Méry-sur-Oise a fourni des millions de m^3 d'eau potable à partir d'une usine de taille modeste installée en centre-ville, qui ne génère pas de nuisances particulières. Cette usine a également fourni des données technico-économiques qui ont permis de la dupliquer dans le monde. Car, heureusement, la nanofiltration ne s'adresse pas qu'aux pays riches.

Des chercheurs français, les professeurs Rumeau et Pontié, ont développé des procédés de nanofiltration en Afrique. Ces procédés concernent en particulier la défluoruration des eaux au Sénégal. Dans ce pays, il existe de grandes réserves d'eaux faiblement saumâtres, mais contenant des quantités excessives de fluorures. Ces concentrations varient de 5 à 15 mg/l^{-1}, alors que la norme de potabilité fixée par l'OMS varie de 0,7 à 1 mg/l^{-1}.

Si, dans les pays occidentaux, nous avons l'habitude de fournir aux bébés des doses de fluor pour stimuler leurs gencives, il faut imaginer que l'ingestion de quantités importantes de fluor toute sa vie est néfaste. La stimulation permanente des gencives induit en effet une disparition des dents pour les personnes arrivées à l'âge adulte. Au Sénégal, il est ainsi malheureusement classique de rencontrer des populations qui, à partir de 20 ou 30 ans, sont totalement édentées.

En théorie, l'osmose inverse permet d'éliminer la quasi-totalité des sels, dont le fluor, mais les coûts de traitement sont élevés : après traitement, il faut ensuite reminéraliser l'eau défluorée pour qu'elle soit potable. Sous certaines conditions, la nanofiltration permet d'éliminer préférentiellement les fluorures et de garder une minéralisation suffisante à l'eau pour qu'elle soit directement potable. Le coût du traitement est alors deux à trois fois moins élevé. La faible consommation énergétique nécessaire permet d'alimenter les installations par des panneaux solaires, ce qui est fondamental pour les régions isolées.

Dans le cadre du traitement des eaux usées, la nanofiltration peut également s'appliquer à l'élimination des métaux toxiques tels que le nickel, le chrome, le cadmium, le cuivre ou le zinc, des métaux présents dans les effluents industriels mais aussi dans les eaux domestiques. L'utilisation de la nanofiltration est également recommandée pour le traitement d'effluents d'origines diverses : agricole, alimentaire, textile, papetière et nucléaire. L'objectif est de rendre les rejets dans l'environnement possibles, ceci dans le respect total des normes environnementales, en éliminant les colorants, les éléments radioactifs, les solvants organiques et les produits chimiques tels que les phénols et les dérivés chlorés ou fluorés…

En particulier, les procédés de traitement des eaux résiduaires de blanchiment dans la fabrication de la pâte à papier prennent une importance sans cesse croissante en raison des réglementations relatives à la protection de l'environnement. Les usines de pâte à papier nécessitent en effet une importante consommation d'eau, surtout au niveau de l'atelier de blanchiment, responsable de plus de la moitié de la pollution aqueuse de l'usine. Les séquences de blanchiment alternent des stades acides et alcalins et des lavages à l'eau. Outre la charge en matières organiques, ces effluents sont fortement colorés par des matières dissoutes. Au-delà des considérations purement esthétiques, ces effluents colorés affectent l'équilibre biologique car ils absorbent les rayonnements ultraviolets et perturbent l'équilibre biologique des espèces vivantes. Les traitements utilisés industriellement tels que la floculation, l'épuration biologique, l'adsorption sur charbon actif et les résines échangeuses d'ions réduisent la présence de matières biologiques mais n'affectent pas la coloration. Du fait de leur simplicité et de leur facilité d'intégration aux circuits actuels de fabrication, il est donc intéressant d'utiliser des procédés de séparation par membranes pour retenir les petites molécules colorantes. Les membranes de nanofiltration présentent les critères requis pour ce procédé de traitement d'effluents : non seulement il s'agit d'un système travaillant à basse pression, pour de faibles coûts énergétiques, mais ces membranes tolèrent un domaine de pH compatible avec ces effluents.

Les membranes au secours de l'environnement ? C'est tout à fait possible, et même assez cohérent à bien y réfléchir.

Au début des années 1990, je travaillais au centre de recherche Techno-Membranes à Montpellier. Financés par l'European Space Agency (ESA), des travaux sur les membranes y étaient menés afin de développer des systèmes de recyclage d'eau dans ce qui devait être la fameuse navette spatiale européenne *Hermès*. La vie, pendant plusieurs mois, dans un vaisseau spatial ou dans un laboratoire orbital répond à des besoins simples. Il faut, pour satisfaire les besoins humains de base, environ 3 litres par jour et par personne pour la boisson et les aliments, auxquels il faut rajouter 25 à 30 litres pour l'hygiène corporelle. Un équipage de six personnes a donc besoin de plus de 200 litres par jour, qu'il faut recycler au plus juste.

Dans notre laboratoire, nous prenions donc des douches à tour de rôle, avec différents types de savon possibles, et nous récupérions l'eau usée pour la traiter par nanofiltration puis osmose inverse. L'objectif était de recycler l'eau pour produire de l'eau potable en circuit fermé, ce qui est essentiel pour les systèmes spatiaux et pour imaginer un jour des voyages aux confins de l'espace. Mais c'était sans compter avec la géopolitique. Peu de temps après nos travaux, l'URSS s'est effondrée, mettant à mal le bloc soviétique. Le pas de tir de Baïkonour est devenu accessible aux Européens, rendant obsolète le projet de *Space Shuttle* à l'européenne…

Mais une bonne idée n'est jamais perdue puisque le procédé développé a été recyclé… au pôle Sud ! La station polaire française Concordia, appartenant à l'Institut polaire Paul-Émile-Victor, se trouve en effet dans un sanctuaire environnemental, l'Antarctique. Afin de préserver cette zone de toute empreinte humaine, les stations polaires ne doivent rejeter aucun effluent et recycler totalement tous leurs déchets, dont les eaux usées. Cerise sur le gâteau, Concordia et ses habitants se trouvent 9 mois par an totalement coupés du monde…

L'eau étant nécessaire à toute vie, surtout en milieu extrême, l'ESA a cédé ses droits sur les procédés membranaires pour équiper Concordia de cette technologie.

Cela a permis la mise au point d'une station automatique de traitement des eaux grises issues des douches, des lave-vaisselle et des machines à laver le linge. La capacité de traitement de 300 litres d'eau par heure permet de traiter environ 2500 litres d'eau grise par jour, ce qui répond aux besoins de 25 personnes.

Et – je suis tenace et optimiste – les installations membranaires du laboratoire extraordinaire que constitue Concordia vont nous faire progresser sur la production d'eau en milieu extrême. Ces systèmes seront un jour installés dans un vaisseau spatial en direction de Mars ou d'ailleurs et la boucle sera bouclée…

Mais revenons dans des contrées plus hospitalières. Dans les régions paradisiaques des Caraïbes ou des mers du Sud, des navires de croisière transportent des milliers de passagers. Ces villes flottantes ont heureusement l'interdiction de rejeter les eaux usées dans la mer. Aussi des bateaux prestigieux comme le *Queen Mary 2* sont-ils équipés de mini-centrales de traitement d'eau constituées d'étages de nanofiltration et d'osmose inverse.

Car la mer est hélas souvent victime des erreurs des hommes, lesquels appellent parfois la chimie à la rescousse. Ouvrons une petite parenthèse environnementale…

Quand la chimie règle son compte à l'algue tueuse…

Dans les années 1950, l'aquarium de Stuttgart a importé des mers chaudes qui longent l'Amérique centrale des variétés d'algues tropicales qui furent croisées afin de décorer les centres aquatiques du monde entier. Dans les années 1980, le musée océanographique de Monaco a importé une espèce d'algue aquariologique, au nom exotique de *Caulerpa taxifolia*. Des erreurs de manipulation dans la vidange des bacs a conduit à un rejet accidentel de *Caulerpa taxifolia* en face du musée océanographique. En 1984, les plongeurs sous-marins relevaient 1 m^2 de surface colonisée par cette algue en face du musée monégasque. Ce simple m^2 allait très rapidement se transformer en milliers de m^2 contaminés. Cette algue est non seulement extrêmement résistante mais trouve en mer Méditerranée des conditions très favorables à son existence. Elle prolifère de façon optimale entre 20 et 30 °C. Son faible besoin en luminosité lui permet de se reproduire en profondeur jusqu'à environ 100 m. Elle peut donc proliférer dans les herbiers et sa composition toxique la rend non comestible par la faune autochtone. On lui connaît d'ailleurs peu de prédateurs, à part les mollusques ascoglosses, hélas peu nombreux. *Caulerpa taxifolia* est plutôt sédentaire, mais le fait qu'elle soit remontée à la surface par les filets de pêche la rend mobile, surtout au niveau des côtes méditerranéennes. Dix mille hectares sont touchés.

La biodiversité de la mer Méditerranée est donc sévèrement menacée. Depuis 2001, les États se sont unis pour lutter contre « l'algue tueuse », comme l'ont baptisée les médias. Pour éradiquer cette algue invasive, plusieurs solutions existent, celles reposant sur la chimie étant parmi les plus probantes.

En Californie, des bâches sont posées au fond de l'eau au niveau des herbiers contaminés par *Caulerpa taxifolia*, et on y introduit du chlore. Si une destruction de la flore invasive est observée, cette méthode rustique est radicale. Il faut un temps assez conséquent pour que la nature reprenne ses droits et que la flore native repousse. En Méditerranée, la mobilisation des clubs de plongée sous-marine est très importante et les campagnes d'arrachage manuel sont légion, mais l'invasion est telle que l'algue continue de proliférer.

Plusieurs solutions sont évoquées pour sauver la Méditerranée.

La plus naturelle serait l'introduction d'organismes vivants herbivores capables de se nourrir de l'algue tueuse. Les ascoglosses déjà évoqués vivent dans les zones tropicales et sont donc très sensibles à la température de l'eau, laquelle, en Méditerranée, peut descendre sous les 15 °C en hiver. Sans compter que l'introduction de nouvelles espèces suscite des interrogations en termes de stabilité de l'écosystème…

L'idée est donc de faire une fois encore appel à la chimie.

L'introduction de quantités importantes de sels autour des herbiers a été évoquée. Une modification importante et localisée de la salinité implique des phénomènes osmotiques qui vont limiter la prolifération des algues. C'est simple, mais rien de probant n'a pour le moment été démontré sur ce thème.

Ce qui marche pour l'instant, c'est le cuivre. Cela fait des années que nous le savons, et cela grâce à un chimiste bordelais. Ulysse Gayon est en effet l'inventeur de la « bouillie bordelaise », une contribution majeure de la chimie au vignoble français. Ce mélange de sulfate de cuivre ($CuSO_4$) et de chaux éteinte ($Ca(OH)_2$, aussi appelée « portlandite ») constitue un fongicide puissant, utilisé de nos jours dans la culture biologique. Dès 1880, la bouillie bordelaise a contribué à contenir les ravages du mildiou, une maladie cryptogamique de la vigne, démontrant ainsi les effets du cuivre dans la destruction des espèces végétales toxiques.

Le cuivre a un effet létal et ciblé quand il est placé dans l'environnement. C'est la dose qui fait le poison, comme nous l'avons vu précédemment, et si le cuivre est placé en quantité maîtrisée dans l'eau, il va permettre de juguler la prolifération des algues. Il est donc nécessaire de réfléchir à la manière de l'amener au plus près de l'algue tueuse.

Un premier procédé concerne l'électrolyse, qui permet l'application d'un courant électrique sur des plaques de cuivre métalliques placées dans l'eau de mer. Cette dernière contient des ions qui peuvent transporter le courant électrique. C'est ce que les chimistes appellent un « bain électrolytique naturel » : à une concentration en sel de 36 grammes par litre, Na^+ et Cl^- permettent de transporter le courant électrique. Les ions cuivreux (Cu^{2+}) formés lors de l'électrolyse sont alors transportés dans l'organisme de *Caulerpa taxifolia*. Au bout de quelques jours l'algue tueuse est détruite. Lourde à mettre en place, et dangereuse pour les plongeurs sous-marins qui ont à manipuler les électrodes, cette méthode n'est donc adaptée pour l'instant qu'au traitement de petites surfaces.

Un second procédé s'inspire directement de la bouillie bordelaise. Un algicide, préparé à base de sulfate de cuivre et de sel, est déposé par des plongeurs à la base des plants de *Caulerpa taxifolia*. En présence d'une concentration élevée en sel, la diffusion d'algicide contrôlée (DAC) a, au niveau de l'algue, un effet létal rapide. D'autres méthodes de dépôt sont aussi possibles, dans des cloches sous-marines par exemple, ce qui rend ce procédé très facile à mettre en œuvre, donc très efficace.

Un troisième procédé est indirectement dû à un beau-père bricoleur.

Mon ami Gérald Pourcelly, ancien directeur de l'Institut européen des membranes de Montpellier, a la chance d'avoir un beau-père bricoleur. Ce dernier, ancien employé des chantiers navals de La Ciotat, avait, une fois la retraite arrivée, investi dans une piscine. Laquelle fut un jour envahie d'algues. Le bricoleur avait entendu parler de la bouillie bordelaise, et il confectionna une chaussette remplie de sulfate de cuivre ($CuSO_4$) qu'il plongea dans sa piscine. L'effet fut radical et il put un week-end d'été proposer à sa fille et à son gendre un bain rafraîchissant. Quelle ne fut pas la surprise de mon ami Gérald de voir sa femme sortir de l'eau avec les cheveux…verts ! L'ion cuivrique Cu^{2+} a en solution une belle couleur verte et, suite à un échange ionique, il s'était fixé sur la chevelure blonde de madame Pourcelly…

En rentrant au laboratoire le lundi matin, Gérald raconte les mésaventures de sa femme au responsable de l'unité de recherche, Claude Gavach, directeur de recherches émérite du CNRS. Tous deux se mettent alors à imaginer un procédé d'échange d'ions capable d'éradiquer l'algue qui défraye la chronique à cette époque.

Imaginez une couverture intelligente, c'est-à-dire un textile fait d'un polymère qui présente des propriétés particulières. Ces propriétés concernent la capacité à échanger des ions avec l'environnement immédiat. Les fibres qui constituent cette couverture sont douées de propriétés électriques. Des charges négatives en surface permettent de capter des cations, c'est-à-dire des ions chargés positivement. En faisant tremper cette couverture dans une solution aqueuse de sulfate de cuivre (oui, toujours la même...), les ions Cu^{2+} vont imprégner cette couverture. Il suffit alors de lester le textile échangeur d'ions avec un polymère adapté et notre couverture peut être déposée au fond de l'eau, au-dessus des herbiers contaminés. Dans l'eau, l'échange d'ion continu, le Na^{+} présent en grande quantité et très mobile va venir remplacer le Cu^{2+} dans la couverture. Libéré, ce dernier a donc toute latitude pour venir se déposer sur l'algue tueuse et produire son effet fatal. La principale limitation de ce procédé porte sur le fait que cela n'est efficace que lorsque la mer est calme et les courants marins faibles. Les couvertures peuvent présenter plusieurs mètres de largeur, ce qui permet de couvrir assez facilement de grandes surfaces. Et une fois utilisée, la couverture peut être remontée à la surface, retrempée dans une solution de sulfate de cuivre concentrée et réutilisée. Des essais probants réalisés à Porquerolles et sur la commune de Sainte-Maxime ont montré que ce procédé est industrialisable. *Caulerpa taxifolia* peut se faire du souci…

La chimie du chlore

Pour conclure, revenons un instant sur les liens étroits qu'entretiennent la chimie et l'eau potable.

Si nous regardons le chemin parcouru par l'eau depuis sa source jusqu'à votre verre, il sera toujours jalonné par des étapes chimiques.

En premier lieu, les eaux de surface ou les nappes phréatiques sont débarrassées des corps flottants potentiels (poissons morts, algues…) à l'aide de grilles ou de systèmes de décantation. Les matières en suspension de petite taille présentes dans l'eau sont ensuite traitées par des produits chimiques, les floculents, qui sont souvent des sels ferriques ou d'aluminium. Ils vont permettre la coagulation de ces matières microscopiques, qui, avec le temps et la gravité, vont retomber au fond de bassins de décantation.

À la sortie de ces bassins, l'eau peut contenir des matières dissoutes, parfois toxiques, ou des excédents en fer, en manganèse… Le passage par la station d'épuration biologique traite ces problèmes par l'adjonction d'oxygène dans l'eau et de bactéries capables de métaboliser ces toxines.

L'utilisation de charbon actif permet ensuite l'adsorption et donc l'élimination de résidus de pesticides, de détergents et résout en même temps les problèmes d'odeur et de goût. L'eau obtenue est limpide, mais pas encore potable. Il faut la purifier et éradiquer les germes pathogènes. Pour cela, on fait appel au chlore, sous forme de chlore gazeux ou bien d'hypochlorite de sodium. Ce dernier produit est plus connu sous le nom d'« eau de Javel », et c'est de loin le biocide le plus ancien et le plus utilisé. Une désinfection efficace de l'eau nécessite une petite quantité en eau de Javel d'une concentration déterminée ainsi qu'un temps de contact suffisamment long. Les micro-organismes morts sont retenus en faisant passer l'eau à travers un lit de sable de plusieurs mètres d'épaisseur.

L'eau obtenue est donc potable, mais cette « potabilité » doit encore être préservée à travers tout le réseau de distribution, et ce jusqu'à votre robinet. Le chlore est le seul composé à posséder la propriété de rémanence. Cela signifie que l'eau faiblement chlorée reste désinfectée tout au long du circuit des canalisations, pompes, citernes et châteaux d'eau.

D'autres moyens chimiques, tels que l'utilisation de l'ozone, ou physiques, avec l'usage des rayons ultraviolets, sont aussi employés. Mais ils n'ont qu'un effet désinfectant temporaire.

Le chlore constitue donc à ce jour la meilleure garantie de préservation de la qualité microbiologique de l'eau, durant son transport de l'usine de traitement jusqu'aux habitations, et cela pour des coûts faibles.

Toutefois, il s'agit d'un produit chimique qu'il convient d'utiliser avec parcimonie. L'idéal serait donc de pouvoir traiter l'eau sans avoir recours à des réactifs chimiques… En pratique, il est maintenant possible d'en diminuer significativement l'usage grâce aux procédés de filtration sur membranes. Ces traitements sont tellement efficaces que l'eau traitée ne nécessite pas beaucoup de chlore pour être stabilisée. Quand je vous disais que la chimie, c'est une question de dose…

Voilà, cela paraît simple, mais rappelez-vous ce que j'écrivais au début du chapitre : encore faut-il que tout le monde puisse avoir accès à l'eau potable…

La chimie à la base des énergies alternatives

Pour faire tout ce que nous avons décrit précédemment, il nous faudra de l'énergie... beaucoup d'énergie. D'un point de vue psychologique, d'abord, car la tâche qui nous attend est conséquente, mais aussi, au premier degré, du point du vue de la chimie comme de la physique (la chimie va rester notre fil rouge, mais elle sera toujours en lien avec la physique et la biologie).

Au-delà des économies d'énergie à mettre en place, l'objectif est de favoriser l'utilisation d'énergies renouvelables et celles non émettrices de gaz à effet de serre à la place des énergies fossiles.

L'énergie est principalement utilisée dans l'industrie, les transports et pour l'habitat. Mais, au-delà de ces besoins quotidiens, l'accès à l'énergie est un incroyable facteur de développement et de croissance économique et sociale. Ce n'est certes pas intuitif, mais c'est la création d'activités économiques, et donc d'emplois, qui vont conférer de la richesse à un pays – si tant est que cela soit une démocratie –, et de manière logique va augmenter le niveau de vie et permettre à ses habitants d'y vivre décemment. C'est vrai aussi que l'énergie permet d'accéder à l'information via la radio, la télévision et Internet (et de communiquer via les téléphones fixes ou mobiles), à l'éducation sous toutes ses composantes – construire et entretenir des écoles, alimenter en carburant des bus scolaires qui vont assurer le ramassage des élèves, et aussi, chose évidente à laquelle nous ne pensons jamais dans les pays riches, l'énergie, c'est aussi l'électricité qui, le soir, une fois rentré à la maison, permet de faire ses devoirs…

Mais avant tout cela, c'est l'énergie qui permet de vivre, et parfois même, de survivre. Avec de l'énergie, il est possible de produire de l'eau potable en grande quantité, même en imaginant dessaler de l'eau de mer. Il est aussi possible de lutter contre l'insécurité alimentaire, en permettant aux denrées de se déplacer au plus près des zones en demande. L'énergie, c'est aussi la possibilité de stocker les denrées via une chaîne du froid efficace (ce qui rejoint aussi la problématique de la santé). La mortalité dans le monde est efficacement combattue par l'accès à l'énergie. Construire et faire fonctionner des hôpitaux, utiliser des moyens sophistiqués d'analyse médicale, tout cela demande beaucoup d'énergie.

L'Agence internationale pour l'énergie, l'AIE, a un jour tracé une courbe que je trouve très explicite. Elle montre, pour un grand nombre de pays, l'espérance de vie en années établie en fonction de l'accès à l'énergie primaire dans ces pays. (L'énergie primaire est indiquée en tonne équivalent pétrole (TEP) par an et par habitant.)

Que découvrons-nous ? Rien de bien nouveau malheureusement, mais la confirmation que les points – les pays – s'alignent selon une courbe bien ordonnée. Les pays qui ont peu d'énergie vont présenter des espérances de vie moyennes, de l'ordre de 40 à 50 ans. L'espérance de vie est donc directement liée, linéairement, à l'accès à l'énergie. Nous trouvons dans ce cas les pays africains et asiatiques. Si nous continuons vers des pays mieux dotés en énergie, nous trouvons le cas particulier de l'Inde : un pays qui possède une démographie galopante mais aussi des ressources énergétiques ; cela permet espérer y vivre jusqu'à 60 ans. Pour des raisons similaires, il est possible de vivre jusqu'à environ 70 ans en Chine.

Lorsque nous arrivons à 2 TEP par an et par habitant, la courbe s'infléchit pour atteindre un palier d'une espérance de vie autour de 80 ans. Nous sommes au niveau des pays européens et du Japon, qui disposent d'environ 3 à 4,5 TEP par an et par habitant. Enfin, nous trouvons au-dessus de ce palier, à 8 ou 9 TEP par an et par habitant, des pays qui disposent soit de ressources abondantes, comme le Canada, soit d'une politique énergétique volontariste (pour ne pas dire agressive), comme les États-Unis.

Des points singuliers apparaissent sur cette courbe. Ainsi l'Afrique du Sud : à presque 3 TEP/an/habitant, les habitants de ce pays ont une espérance de vie de 55 ans, ce qui indique que l'énergie dans ce pays est très injustement distribuée. De même la Russie présente-t-elle une évolution préoccupante. Les spécialistes de l'AIE ont en effet montré que, depuis la chute de l'URSS, la durée de l'espérance de vie en Russie diminuait. Cela est en grande partie attribué au recul de l'accès à l'énergie dans la Fédération de Russie, le plus vaste pays du monde. Moins de chauffage, d'énergie pour la conservation des médicaments et des aliments et la production d'éléments de première nécessité… tout cela se traduit par une espérance de vie en baisse.

Des pays sont aussi au-dessus de la courbe, montrant ainsi que l'énergie n'est pas le seul facteur d'espoir d'une vie longue. Nous y retrouvons la Grèce, la Suisse et le Japon. Des pays où l'accès aux soins mais aussi le régime et les habitudes alimentaires ont un impact favorable. Symétriquement opposés, les États-Unis possèdent beaucoup d'énergie, mais, une partie pauvre de la population n'y ayant plus accès, ils voient leur espérance de vie reculer – du fait également d'habitudes alimentaires dramatiques…

Quels sont nos besoins ?

En 2007, 6,6 milliards d'habitants ont consommé 8,3 milliards de TEP, dont 45 % uniquement dans les pays riches du globe. Une grande partie de cette énergie a servi à faire de l'électricité, c'est-à-dire à produire des kWh. La consommation finale moyenne d'électricité a été de 2750 kWh/habitant dans le monde, avec des pics significatifs à 13640 et 6390 kWh/habitants aux États-Unis et dans l'Union européenne.

Plus de 18 000 milliards de kWh sont consommés actuellement et les projections des analystes mondiaux indiquent que nous aurons, selon les scénarii, besoin de 30000 à 65000 milliards de kWh en 2050 : dans le meilleur des cas, nous aurons besoin de doubler notre production d'électricité dans les quarante ans à venir. Il faut aussi noter qu'à l'heure actuelle, près de 2 milliards d'habitants n'ont pas accès à des formes modernes d'énergie comme l'électricité. Pour combler ces besoins, un pays comme la Chine construit une centrale thermique au charbon par semaine !

Pour la dizaine de milliards de TEP d'énergie qu'il nous faut produire chaque année, les sources d'approvisionnement sont multiples, mais les énergies fossiles dominent à plus de 80 %.

Selon l'AIE, dans le monde, pour la production d'énergie dite « primaire », 34 % des sources proviennent du pétrole, 26 % du charbon et 21 % du gaz. La production à partir de biomasse (feu de bois, par exemple) représente 10 %, et le nucléaire et l'hydraulique respectivement 6 et 2 %. Ce qui ne laisse qu'une part congrue de 1 % aux énergies renouvelables, un bien maigre constat à l'échelle de la planète. A l'horizon 2050, ces énergies alternatives doivent nécessairement prendre une part importante dans ce mix énergétique.

Car l'utilisation des énergies fossiles, nous l'avons amplement dit, présente un double inconvénient. D'abord elles ont une durée de vie limitée, ensuite elles produisent des quantités importantes de CO_2, un gaz à effet de serre modifiant significativement le climat.

Selon les réserves prouvées en 2007 et en restant sur une consommation constante (ce qui n'est pas le cas), nous disposons de 41 ans de réserves de pétrole, et de 61 ans pour le gaz naturel. Avec l'utilisation des schistes bitumineux, nous atteignons plus de 580 ans de réserves de pétrole supplémentaires. Les gaz de schistes offrent quant à eux une alternative similaire au gaz naturel, avec le même coût environnemental exorbitant. Et il nous reste environ 130 ans de réserves de charbon, mais, en fonction de la nature du charbon utilisé (charbon bitumineux ou lignite), les dégagements de CO_2 et de particules de suies peuvent devenir très importants et impacter le climat, l'environnement et la santé humaine.

La lignite dégage ainsi 1,2 kg de CO_2 par kWh produit, les filières pétrole ou gaz naturel 0,9 et 0,6 kg de CO_2 respectivement. Plus économe, le photovoltaïque solaire produit 50 g de CO_2 par kWh ; viennent ensuite l'éolien et les champions toutes catégories : le nucléaire et l'hydraulique.

Arrêtons-nous quelques instants sur le nucléaire, énergie considérée comme fossile mais qui ne dégage pas de CO_2.

En nous limitant à des sources d'uranium peu chères, inférieures à 130 $/kg, et en utilisant le parc nucléaire actuel, nous disposons de 80 ans de réserves. En considérant des sources plus coûteuses à exploiter, et surtout en développant des réacteurs de nouvelle génération capables de consommer le plutonium (un sous-produit énergétique de l'uranium), plusieurs centaines d'années de réserves énergétiques s'offrent à nous, tout cela sans produire de CO_2.

À l'échelle d'un pays, la production de CO_2 lors de la fabrication de l'électricité devient significative : la Chine, l'Inde et l'Australie génèrent entre 800 g et 1 kg de CO_2 par kWh produit ; les États-Unis et l'Allemagne autour de 500 g ; la France, comme le Brésil et la Suède, se positionnent à moins de 100 g/kWh. Pour la France, ce sont bien entendu les 80 % d'origine nucléaire de notre production d'électricité qui sont responsables de ce fait.

L'immense tragédie japonaise de mars 2011 et le désastre de la centrale de Fukushima ont remis en lumière la question de l'énergie nucléaire. Les images du dégagement de vapeur des réacteurs 1 et 3 resteront ancrées dans la mémoire collective mondiale, comme celles de Tchernobyl et des tours du World Trade Center.

Le nucléaire a longtemps été sur la sellette pour des raisons liées aux déchets et à notre capacité à pouvoir les stocker de manière sûre et efficace. Depuis mars 2011, la question porte sur les risques liés aux centrales nucléaires et sur notre capacité à prévoir l'imprévisible : la nature et son cortège de catastrophes dites « naturelles » – tremblement de terre, tsunami… La centrale de Fukushima Daichi a bien résisté au tremblement de terre, car elle était dimensionnée pour cela ; en revanche, la vague du tsunami était largement supérieure aux estimations faites par les concepteurs et elle a noyé les pompes de refroidissement et les réserves de fuel, privant ainsi les réacteurs d'un refroidissement adapté…

À l'heure où j'écris ces lignes, mes amis japonais, plongés dans un deuil immense, se battent pour survivre au froid, au manque de nourriture et d'eau potable. Nous avons vu un pays hyperindustrialisé sombrer en quelques jours dans une situation proche de celle d'un pays du tiers monde. Ce retour en arrière imprévisible qui guette même un pays ultra-modernisé comme le Japon nous touche profondément.

Lorsque qu'un avion s'écrase ou qu'un train déraille, nous tirons un maximum d'informations de cette catastrophe et nous appliquons un retour d'expérience pour faire bénéficier le plus grand nombre des enseignements tirés. Nous ne lançons pas un moratoire pour stopper l'industrie aéronautique et ferroviaire : pour le nucléaire, c'est plus compliqué, car nous abordons des craintes subjectives, celle des radiations invisibles et néanmoins mortelles et celle des déchets et du legs que nous laissons aux générations futures. Aussi, au lendemain du 11 mars 2011, la remise en question globale du nucléaire s'est-elle immédiatement organisée, cristallisant des craintes et pointant le manque de connaissances. Cela amène à un débat légitime et nécessaire : quelle énergie accessible, suffisante et non émettrice de gaz à effet de serre voulons-nous pour le futur ?

Nous ne produisons pas de l'énergie nucléaire pour faire plaisir aux chimistes et aux physiciens, mais parce que nous sommes tous shootés à l'énergie : c'est, depuis les premières civilisations, la force motrice de l'activité humaine. En l'économisant au maximum, nous devenons responsables car nous avons compris qu'elle n'était plus illimitée, mais il sera toujours nécessaire d'en produire... Dans le mix énergétique mondial du futur, la part du nucléaire passe de 6 à 15-20 % dans les scénarii les plus volontaristes. Cela montre bien que le nucléaire n'est pas la solution universelle, mais aussi qu'il n'y a pas de solutions réalistes et pérennes sans nucléaire. Et un jour viendra où la technologie de la fission nucléaire sera progressivement remplacée par celle de la fusion. Nous serons alors en capacité de produire une énergie abondante et sans déchets, un peu comme celle du soleil...

D'ici là, il faut bien continuer à produire de l'énergie en consommant moins de matières premières fossiles. Le plus grand enjeu pour nous est donc bien le développement des énergies alternatives qui se doivent d'être renouvelables et/ou non productrices de gaz à effet de serre. Pour ce faire, la chimie va une fois encore nous permettre d'envisager un futur pour tous.

Pour les besoins de l'industrie, l'énergie à fournir est forcément concentrée dans une zone géographique circonscrite. La fourniture se fait en continu et en temps réel, avec des grandes quantités disponibles attendues : c'est donc typiquement pour cette application que les énergies fossiles et l'énergie nucléaire doivent être utilisées en priorité.

Pour le transport et l'habitat, nous avons affaire à une demande discontinue, adressée à des volumes de production faibles et dispersés. C'est dans ce secteur que nous pouvons imaginer de l'énergie renouvelable et des systèmes chimiques permettant de la produire et de la stocker.

Les transports : hydrogène ou électricité ?

Le XIXe siècle a été celui du charbon, un produit chimique qui a la propriété de brûler en dégageant de l'énergie. Mais le charbon ne représenta pas un bon compromis énergétique pour le transport. Une tonne de charbon ne représente que 40 à 60 % de l'énergie générée par une tonne de pétrole. Aussi le XXe siècle fut-il celui du pétrole : il façonna notre économie, structura la stratégie colonialiste des pays occidentaux et la géopolitique du monde moderne en accélérant la mondialisation.

À la fin du XXe siècle, l'énergie atomique civile fit son apparition avec une extraordinaire efficacité énergétique. Une tonne d'uranium produit 10 000 tonnes d'équivalent pétrole dans les réacteurs classiques actuels. Si nous intégrons le recyclage et l'utilisation du plutonium dans les réacteurs à neutrons rapides, 1 tonne d'uranium produit 500 000 TEP ! Vertigineux mais à pondérer par les arguments contradictoires évoqués plus haut. L'énergie s'adresse à la production de masse et non au transport (à l'exception des sous-marins militaires, des porte-avions, de quelques brise-glace russes, et peut-être de futures fusées).

Revenons, précisément, aux transports…

Le XXIe siècle est, selon les spécialistes, baptisé le siècle de l'hydrogène ou celui de l'électricité.

Selon moi, ces deux types d'énergie sont complémentaires, même s'ils ne sont pas envisagés de la même manière : l'hydrogène est imaginé comme une matière première sophistiquée servant à faire de l'électricité, tandis que celle-ci est déjà un vecteur énergétique qui n'existe pas naturellement dans la nature…

L'hydrogène, acteur crucial de l'énergie du futur

L'hydrogène est l'élément chimique le plus simple qui puisse être décrit en chimie. Constitué seulement d'un proton, il est ainsi le plus petit atome existant – une sorte de brique élémentaire de la nature. L'hydrogène fait partie de la vie ; présent dans le Soleil et responsable de certaines réactions thermonucléaires, il est aussi présent dans de nombreuses molécules organiques telles que l'eau, les protéines, les lipides et les glucides.

Ce qui est beaucoup moins connu, c'est que, si nous regardons le tableau de Mendeleïev, l'hydrogène est un métal : à basse température et haute pression, l'hydrogène devient solide et se range dans la classification des métaux. Ces conditions opératoires ne risquant pas d'arriver sur terre, l'hydrogène est présent sous forme gazeuse ou liquide dans l'atmosphère, et uniquement à l'état de traces. Ce qui est contradictoire car l'hydrogène serait l'élément le plus abondant de l'Univers : 75 % en masse et 90 % en nombre d'atomes. H_2 se trouve en quantité significative dans les étoiles et les planètes gazeuses. Sur Terre, il est très abondant, mais toujours lié à d'autres atomes. La source la plus commune d'hydrogène est bien sûr l'eau, dont les molécules sont composées de deux atomes d'hydrogène et d'un atome d'oxygène.

H_2 est utilisé depuis de nombreuses années dans l'industrie chimique pour produire de l'ammoniac (NH_3), de l'acide chlorhydrique (HCl), du méthanol et des graisses et huiles saturées pour l'agro-alimentaire. C'est aussi un carburant liquide utilisé pour les lanceurs spatiaux et pour les études à basses températures des effets de la supraconductivité.

Si, à partir d'un atome d'hydrogène, vous ajoutez un ou deux neutrons, vous obtiendrez du deutérium ou du tritium : ces composés, utilisés dans l'industrie nucléaire, sont aussi des traceurs isotopiques utilisés en biologie et pour la mesure de diffusion de polluants dans l'environnement.

Mais depuis une quinzaine d'années, l'hydrogène est considéré comme un vecteur d'énergie, plus précisément comme une source d'énergie d'avenir. Pourquoi cet engouement ? Pourquoi l'hydrogène suscite-t-il autant d'espoirs ?

Pour une raison simple. Face à l'épuisement progressif et annoncé des réserves fossiles, l'hydrogène semble être un combustible alternatif propre et pertinent, dont la combustion ne générerait pas de gaz à effet de serre (en fait uniquement de la vapeur d'eau). Encore faut-il que sa fabrication soit faite dans le même esprit…

À la différence du pétrole et du charbon, H_2 ne constitue pas une source d'énergie primaire, mais plutôt une source secondaire. Certains d'ailleurs le considèrent même comme un moyen de stockage de l'énergie, au même titre qu'une batterie. Petite explication : avant, une source d'énergie primaire servait à produire directement de l'électricité. Si on intercale l'hydrogène entre la source et l'énergie produite, H_2 peut être produit quand il y a du soleil ou du vent ou quand l'énergie est peu chère (la nuit, près des barrages hydrauliques ou des centrales nucléaires…) ; il servira ensuite à faire de l'électricité à la demande, uniquement lorsque nous en aurons besoin. H_2 peut donc démultiplier l'offre énergétique.

Vous comprenez maintenant pourquoi, depuis de nombreuses années, l'Agence internationale de l'énergie présente l'hydrogène comme un acteur crucial de l'énergie, moteur de l'économie mondiale.

Comment le produire ?

Mais avant d'utiliser H_2, il faut le produire via des sources significatives et peu onéreuses, et ce dans le pur esprit de la chimie verte.

La plupart des matières organiques, notamment celles qui constituent les êtres vivants, le pétrole et le gaz naturel sont autant de sources d'hydrogène. Le gaz naturel contient du méthane (CH_4), lequel est aussi un produit de la décomposition des matières organiques, via un procédé appelé « méthanisation ». Une réaction chimique, le reformage du méthane, qui transforme CH_4 en H_2 et CO_2 sous l'action de la chaleur, est actuellement la principale source d'hydrogène.

H_2 peut aussi être produit sous l'action de la vapeur sur du charbon porté à haute température.

Dans les deux cas, il y a fatalement production de CO_2.

Il est possible d'alléger la facture CO_2 en utilisant des sources de production du méthane renouvelables, comme les déchets organiques, ou, de manière plus radicale, la biomasse. Ce craquage des déchets végétaux sous l'action de la température s'appelle « gazéification de la biomasse ».

La biomasse est en grande partie formée de lignine et de cellulose, les constituants majeurs du monde végétal. Sous l'action de la température et avec des quantités d'oxygène et/ou de catalyseurs adaptées, la réaction finale conduit à la formation d'un « syngas » (contraction de la locution anglaise *synthetic gas*) composé de H_2, CO, CO_2 et CH_4.

CO_2 est la forme finale de déchet de toute matière carbonée. De son côté, CO, en présence d'eau, peut donner du CO_2 et H_2. CH_4 est lui valorisable directement sous forme de carburant ou peut, à son tour, produire du H_2 après reformage. Au final, une quantité significative de H_2 peut être produite à partir de déchets.

Pourrait-on aller plus loin ? Mon ancienne équipe de recherche du CEA Marcoule a développé un procédé de gazéification de la biomasse, non pas à l'air libre, mais en utilisant l'eau supercritique comme solvant de cette réaction.

Les conditions critiques de l'eau – 221 bars et 374 °C – font que la réaction de gazéification est effective avec de bons rendements, sans avoir à rajouter de catalyseur chimique. Et par ce procédé, nous avons pu démontrer qu'à partir de déchets issus de distilleries, il était possible de récupérer un syngas formé de 70 % d'hydrogène ! Voilà de quoi trouver une seconde jeunesse aux déchets forestiers et autres sous-produits de l'industrie végétale...

Dans un esprit similaire, des équipes de recherche développent la gazéification par voie biochimique. Certains micro-organismes, tels que les cyanobactéries et des bactéries moins sophistiquées, sont en effet eux aussi capables de produire de l'hydrogène (à partir d'énergie solaire et de biomasse). Moins performante que la voie thermique présentée précédemment, mais plus économique sur le plan énergétique, cette voie biochimique peut potentiellement atteindre un stade industriel via la sélection de micro-algues qui joueraient le même rôle que les bactéries précitées.

La gazéification de la biomasse par la voie thermique ou biochimique produira malgré tout du CO_2. Dans le pur esprit radical de la chimie verte, est-il possible de produire de l'hydrogène sans produire de CO_2 ?

L'idée est d'utiliser de la chaleur, lorsqu'elle est disponible en grande quantité et non utilisée, pour produire de l'hydrogène sans produire de CO_2 via des procédés basés sur la dissociation de la molécule d'eau, la source la plus abondante d'hydrogène : H_2O $H_2 + 1/2\ O_2$.

Cela peut se faire soit en amenant de l'électricité, soit en amenant de la chaleur, soit, plus intelligemment, en combinant les deux. Tous ces procédés nécessitent une grande quantité d'énergie primaire, de la chaleur en particulier, mais aussi de l'électricité que l'énergie nucléaire est en mesure d'apporter sans émission de dioxyde de carbone. Aussi est-ce dans la perspective d'un couplage avec des réacteurs nucléaires susceptibles de fournir de l'électricité (ils sont conçus pour cela) et de la chaleur à haute température (non valorisée à ce jour) que ces procédés de production massive d'hydrogène sont envisageables à moyen terme.

L'électrolyse de l'eau à haute température

L'électrolyse consiste à mettre de l'eau dans un bac, dans lequel deux électrodes sont placées. Un courant électrique est appliqué entre ces deux électrodes, conduisant à un dépôt ou à des dégagements gazeux sur ces dernières.

L'électrolyse haute température consiste à dissocier une molécule d'eau en H_2 et O_2 à l'aide de l'électricité, mais à des températures comprises entre 700 et 1 000 °C. Lancées dans les années 1980 en Allemagne, les études sur ce procédé ont été rapidement abandonnées car il était jugé non rentable. Vingt ans plus tard, les progrès réalisés sur les matériaux et leur tenue dans le temps permettent d'espérer en faire un procédé rentable.

Mais pourquoi travailler à si haute température en récupérant la chaleur « perdue » par un réacteur nucléaire ? Eh bien parce qu'à haute température, les vitesses de réaction (les cinétiques) sont largement améliorées et qu'il faut amener moins d'énergie pour réaliser la réaction. En électrolyse haute température (EHT), il faut amener 3,1 kWh/m^3 d'eau pour réaliser l'hydrolyse, alors que 4,1 kWh/m^3 d'eau sont nécessaires en électrolyse classique.

De plus, les systèmes EHT sont deux fois plus compacts – on peut y appliquer de grandes quantités de courant électrique. Enfin, une grande partie de l'énergie est apportée sous forme de chaleur et elle coûte nettement moins cher à produire que l'électricité.

Intéressons-nous aux électrodes. La première, la cathode (chargée positivement), est alimentée en vapeur d'eau et c'est à son niveau que la molécule d'eau se dissocie en O_2 et H_2. Sous l'effet du courant électrique, les ions O^{2-} vont diffuser à travers un matériau céramique particulier appelé « électrolyte solide ». Ce matériau, fabriqué à base d'oxyde de zirconium, fait lui aussi partie de la famille des membranes : ses propriétés de diffusion permettent aux ions O^{2-} de rejoindre l'anode (chargée négativement) et de se recombiner sous forme de O_2.

H_2 va donc s'accumuler à la cathode et le tour est joué : voici de l'hydrogène gazeux produit sans une trace de CO_2...

Bien sûr, il reste encore des verrous techniques à lever, concernant notamment la fabrication de ces fameux électrolytes en zircone qui doivent durer dans le temps et fonctionner à des températures élevées. Malgré cela, l'EHT suscite beaucoup de convoitises...

La voie des cycles thermochimiques

Si vous souhaitez décomposer directement une molécule d'eau sous le seul effet de la température, il vous faudra effectuer la thermolyse de l'eau à plus de 2600 °C pour obtenir de l'hydrogène. Pour des raisons économiques évidentes, l'industrialisation de ce procédé n'est pas envisageable.

Alors, pour dissocier de l'eau à plus basse température, il est possible d'utiliser les cycles thermochimiques entre 100 et 800 °C.

Un cycle thermochimique est une série de réactions chimiques assistées thermiquement et dont le bilan final équivaut à la réaction de dissociation de l'eau. Cette cascade de réactions fonctionne comme un engrenage, mettant en jeu des produits chimiques autres que l'eau, souvent à base d'iode, de brome ou de soufre, qui sont reconstitués au cours des réactions en cascade et régénérés automatiquement. Lorsque ces cycles nécessitent une étape d'électrolyse, ils sont alors qualifiés d'« hybrides ».

Le concept de production d'hydrogène à partir de la dissociation thermique de l'eau a été étudié pour la première fois en 1964. Les premières recherches connues sur les cycles thermochimiques ont été effectuées à l'European Community Joint Research Center d'Ispra (Italie) de 1960 à 1983. Durant cette période, vingt-quatre cycles chimiques pouvant être couplés à des réacteurs nucléaires fournissant des hautes températures (environ 800 °C) ont été étudiés. Le cycle hybride brome-soufre a donné lieu à une démonstration en laboratoire et constitue aujourd'hui encore, compte tenu de sa durée d'un an et demi, la plus longue expérience jamais tentée sur les cycles thermochimiques. Parallèlement, le Gas Research Institute américain a mené un important programme de recherche au cours duquel plus de deux cents cycles thermochimiques ont été examinés. Les recherches sur les cycles thermochimiques, qui avaient connu un important essor après le premier choc pétrolier, furent abandonnées lors de la baisse du prix du pétrole dans les années 1980 ; elles ont repris dans les années 2000.

Comment cela marche-t-il ?

Le cycle iode-soufre est un cycle essentiellement chimique et il est aujourd'hui considéré comme le cycle thermochimique potentiellement le plus intéressant pour produire de l'hydrogène par l'ensemble des équipes l'ayant étudié dans le monde.

Ce cycle est, sans jeu de mots, une vraie usine à gaz : il consiste à effectuer les trois réactions suivantes :

(1) SO_2 (gaz) + I_2 (solide) + 2 H_2O (liquide)
→ H_2SO_4 + 2 HI (120 °C)
(2) 2HI (gaz) → H_2 (gaz) + I_2 (gaz) (450 °C)
(3) H_2SO_4(gaz) → H_2O (gaz) + SO_2 (gaz) + 0,5 O_2 (gaz) (850 °C)

Ces trois réactions tournant en boucle, voilà comment fonctionne l'engrenage : il faut alimenter en eau la première réaction, appelée « réaction de Bunsen » ; elle produit HI qui alimente la seconde réaction qui produit de l'hydrogène ; la troisième réaction sert à traiter l'acide sulfurique (H_2SO_4) produit lors de la première réaction pour retrouver le SO_2 initial…

Des efforts importants sont encore nécessaires pour acquérir des données expérimentales malgré le caractère corrosif de ces milieux. Par ailleurs, des études portant sur l'utilisation de membranes minérales pour améliorer la dissociation de HI sont actuellement en cours. Elles constituent un facteur de progrès important pour le cycle iode-soufre, qui vise des rendements pouvant aller jusqu'à 50 %. Les chercheurs indiens y croient tout particulièrement...

Il est donc possible de produire de l'hydrogène dans le pur esprit de la chimie verte, mais cela ne suffit pas : il va maintenant falloir le transporter et le stocker...

En effet, H_2 est un gaz classé « extrêmement inflammable ». Pour s'en convaincre, il n'est qu'à considérer l'histoire de son utilisation dans les ballons dirigeables, parsemée d'accidents graves (notamment celui du Hindenburg en 1937) qui ont justifié son remplacement par l'hélium, beaucoup plus coûteux et moins léger.

Heureusement, en presque cent ans, nous avons fait pas mal de progrès, notamment dans les réservoirs cryogéniques fonctionnant à basse température et sous pression pour qu'H_2 soit liquide. En pratique, le dihydrogène comprimé à des pressions très importantes devient stockable dans un volume raisonnable.

Si, pour des raisons de sécurité, l'industrie stocke le dihydrogène à l'extérieur des usines dans des réservoirs fixes, ce ne sera pas possible pour une utilisation mobile dans des véhicules terrestres ou des navires. Pour les voitures, les normes de sécurité sont renforcées pour répondre aux risques posés par le passage dans les tunnels et le stationnement dans les garages ou parkings souterrains. Ainsi H_2 reste un sujet particulier et les constructeurs japonais, américains et européens ont du mal à s'accorder... Aussi la route de l'hydrogène est-elle encore pavée d'écueils scientifiques et réglementaires. De ce fait, la production d'hydrogène, tout en constituant un espoir considérable pour l'énergie du futur, ne sera pas rentable et totalement sûre avant quelques dizaines d'années.

À quoi nous servira alors tout cet hydrogène produit ? À faire fonctionner des moteurs thermiques, mais aussi des piles à combustible !

Les piles à combustible : la chimie au cœur des moteurs de demain

Les piles à combustible : une technologie pas si nouvelle puisque leur principe de fonctionnement fut découvert en 1839 par Sir William Grove. Ce dernier mit au point la première cellule électrochimique fonctionnant avec de l'hydrogène, montrant ainsi qu'il était possible de produire de l'électricité par conversion directe de l'énergie chimique du combustible.

Il faut noter ensuite un grand vide, rempli par l'utilisation du pétrole ; c'est le programme spatial américain qui relança l'intérêt pour les piles à combustible.

Rappelez-vous le film *Apollo 13* et la fameuse réplique « Houston, nous avons un problème » : les astronautes américains se débattent pour économiser l'énergie et nous les voyons s'activer sur les *Fuel Cell*, les piles à combustible dont on voit le niveau d'hydrogène baisser dramatiquement. La NASA a en effet relancé les études sur les PEMFC, les

PolyElectrolyte Membrane Fuel Cell. Les PEMFC servaient à alimenter les modules *Apollo* et au-delà les engins spatiaux.

Très compactes et performantes, les piles à combustible ne génèrent pas de déchets, aussi les retrouvons-nous au début des années 1990. Les progrès considérables réalisés dans le domaine des matériaux dans les décades précédentes permettaient d'imaginer des systèmes énergétiques fiables et peu coûteux pour des applications mobiles ou stationnaires.

Comment cela marche-t-il ?

Rien de plus simple à expliquer maintenant que vous êtes des spécialistes d'énergie renouvelable. Une pile à combustible, c'est un électrolyseur qui fonctionnerait… à l'envers. Prenez de l'hydrogène et de l'oxygène (ou plus simplement de l'air) ; dans une pile à combustible vous produisez de l'eau et de l'électricité. Il vous faut une membrane – rappelez-vous, c'est ce que nous appelons un « électrolyte solide ». D'un côté, vous alimentez la membrane en H_2, de l'autre en O_2 ou bien en air (formé à 20 % de O_2). De ce côté de la membrane se forme l'ion O^{2-} qui va diffuser au sein de cet électrolyte et arriver de l'autre côté pour y rencontrer l'hydrogène, former H_2O et en même temps libérer un électron. Cet électron est donc la base du courant électrique fourni par la pile à combustible.

Depuis les travaux de la NASA, les membranes utilisées sont en Nafion®, un polymère merveilleux qui fonctionne à plus de 100 °C.

En même temps se sont développées des piles à combustible d'un autre type. Ce sont les *Solid Oxide Fuel Cell* (SOFC). Basées sur le même principe, les membranes sont dans ce cas en céramique. Rappelez-vous les électrolytes solides en oxyde de zirconium du chapitre précédent : ce sont les mêmes. Ces piles à combustible vont pouvoir fonctionner à haute température, entre 700 et 900 °C. Elles ne sont pas destinées au transport, mais dédiées aux applications stationnaires : les SOFC sont en effet capables de fournir beaucoup d'énergie décentralisée, assez pour alimenter une maison ou un immeuble. Une SOFC, c'est en fait un chauffe-eau révolutionnaire pour la maison du futur : alimentée en hydrogène, une SOFC est capable de fournir de la chaleur pour le chauffage, de l'eau chaude et aussi de l'électricité. Idéal pour l'habitat dispersé ou pour les zones difficiles d'accès.

Les tensions sur les hydrocarbures apparues dans les années 2000 ont fortement contribué à l'essor des PEMFC dans le domaine automobile, mais aussi dans celui des applications mobiles. Imaginez un ordinateur portable dont l'autonomie serait de plusieurs semaines ! C'est tout l'enjeu des microPAC, les micropiles à combustible.

Les promesses industrielles des années 2000 ont-elles été tenues ?

Dès 2005, Daimler a équipé des véhicules en PEMFC pour une circulation aux États-Unis. Une Mercedes classe A a traversé le pays, attestant ainsi de la réalité de véhicules terrestres propulsés par une pile à combustible. L'État de Californie a même imaginé mettre en place des stations-service délivrant de l'hydrogène. Des constructeurs automobiles majeurs ont proposé des véhicules – BMW série

7 Hydrogen, Chevrolet Equinox, Ford Focus Hydrogen et FCX Clarity de Honda.

Dans le cadre du programme européen CUTE (*Clean Urban Transport for Europe*), 27 bus municipaux ont circulé dès 2003 dans des villes européennes, dont Madrid, la ville pilote, puis Stuttgart, Hambourg, Barcelone, Porto, Stockholm et Londres.

Des chercheurs danois ont imaginé une SOFC réversible : il s'agit d'une pile qui peut fournir de l'électricité en consommant de l'hydrogène… mais aussi fonctionner comme un électrolyseur haute température et produire de l'hydrogène en consommant de l'électricité ! De quoi s'adapter en fonction des besoins…

Tous ces exemples ont permis de progresser dans la connaissance du fonctionnement chimique des piles, de la résistance des matériaux constitutifs des piles. Que faut-il en retenir ?

Le Nafion® pour les PEMFC et l'oxyde de zirconium pour les SOFC sont toujours les matériaux de référence pour la réalisation de systèmes industriels. Toutefois le prix des matériaux, notamment celui des électrolytes, limite le passage aux gros systèmes. Le coût du Nafion® dans une voiture propulsée par une PEMFC reste pour l'instant rédhibitoire. En outre, ces systèmes fonctionnent très bien en continu sur de longues durées, mais ils demeurent fragiles lors de cycles successifs. Dans une voiture, surtout en ville, on passe son temps à allumer et à éteindre son moteur et cela sur des petites distances…

On attend donc beaucoup de la chimie, pour produire des matériaux résistants et peu onéreux destinés à équiper les piles à combustible de demain. Le chantier et les enjeux sont colossaux, c'est pour cela que les PEMFC et les SOFC ne sont pas attendues avant 2020.

D'ici là, il faut avancer, et nous avons vu arriver depuis plusieurs années les biocarburants.

Biocarburants, une affaire de générations

« Biocarburants » ou « carburants de synthèse », nous allons parler de la même chose : l'alternative chimique aux carburants obtenus à partir des matières premières fossiles.

Concernant ces matières premières primaires pour lesquelles les pays industrialisés ont développé une addiction caractérisée, les incertitudes liées à leur approvisionnement sont chaque jour accentuées. Les tensions au Moyen-Orient, et plus récemment les bouleversements dans les pays du Maghreb rendent crédibles les problèmes d'instabilité de certains pays producteurs de pétrole et ne font que renforcer la nécessité de trouver une source d'énergie dont l'approvisionnement serait plus fiable. À cela s'ajoute la chronique de la disparition annoncée du pétrole. Nous l'avons vu, avec un *business as usual*, c'est-à-dire sans rien changer à nos modes de vie, nous avons un peu plus de 40 ans de réserves de pétrole devant nous. Les experts débattent à l'infini pour savoir si, oui ou non, nous avons dépassé le « *peak oil* » – le pic fatidique à partir duquel nous allons devoir commencer à diminuer notre production de pétrole. Sans être expert, il faut imaginer que, de toutes les façons, les beaux jours du pétrole sont derrière nous. Nous n'allons certes pas arriver un matin à notre station-service préférée et trouver des cuves vides. Cela sera forcément progressif et accompagné d'une montée croissante des prix à la pompe.

Il faut donc trouver des sources d'approvisionnement alternatives. D'ores et déjà, nous savons que les réserves de schistes bitumineux nous procurent presque 600 ans de réserves de pétrole supplémentaires. Ces schistes sont des couches géologiques imbibées d'hydrocarbures. Outre que le pétrole coûte plus cher à extraire que dans les systèmes classiques et qu'il ne devient rentable qu'avec un baril de brut bien supérieur à 100 $, son extraction est extrêmement polluante. Des quantités colossales d'eau et de solvants chimiques sont utilisées pour traiter les schistes bitumineux, et d'immenses zones de décantation sont nécessaires. Les oiseaux migrateurs confondent ces zones avec des lacs sur lesquels ils peuvent atterrir et se reposer. Des images de la télévision canadienne ont montré des vols entiers s'engluant accidentellement dans ces zones. La chimie est donc fortement attendue pour réaliser des progrès majeurs dans l'extraction et le traitement des schistes bitumineux, et même des gaz de schistes dans les années à venir. Je ne serais pas étonné de voir figurer le CO_2 supercritique comme un solvant de choix, pour lequel il va falloir imaginer un procédé en continu avec des systèmes sous pression. Ce n'est pas du tout de la science-fiction : l'Institut français du pétrole et des énergies nouvelles n'a-t-il pas déjà mis en place avec succès des systèmes de récupération avancée du pétrole par CO_2 supercritique dans les zones de gisements appauvries ?

Quoi qu'il en soit, le pétrole va coûter de plus en plus cher à produire, et cela laisse la place à d'autres carburants compatibles avec les moteurs thermiques des véhicules, les fameux biocarburants.

À la fin des années 2000, le gouvernement américain a infléchi son soutien au développement des piles à combustible au profit de celui des biocarburants. Cela n'est pas étonnant, les développements chimiques à réaliser pour la production de biocarburants étant jugés de faible niveau. Pour autant, nous allons voir que cela n'est pas si simple et que nous assistons parfois à un « conflit de générations ».

Les biocarburants de première génération, parfois appelés « agrocarburants », sont des carburants liquides obtenus par transformation des matières végétales issues de l'agriculture : betterave, blé, maïs, colza, tournesol, pomme de terre, canne à sucre… Les biocarburants sont considérés comme source d'énergie renouvelable et, du fait de leur origine végétale, leur combustion produit essentiellement du CO_2 et de la vapeur d'eau et peu ou pas d'oxydes azotés et soufrés (les NOx, SOx de sinistre réputation). Il existe deux filières de production de biocarburants : la filière de l'éthanol, alternative au carburant essence, et la filière des esters, alternative au carburant diesel.

Le bioéthanol

Pour la filière bioéthanol, vous entendrez souvent parler de la filière « sucre ». À partir de végétaux contenant du saccharose (canne à sucre ou betterave) ou bien de l'amidon (blé ou maïs), il est possible de fabriquer de l'éthanol biologique, soit par simple fermentation alcoolique du saccharose (comme cela est mis en œuvre dans la production de vin ou de bière), soit par distillation de l'amidon. Le bioéthanol est alors concentré et purifié, notamment à l'aide de membranes, pour enlever l'eau et augmenter l'efficacité énergétique.

Cet alcool éthylique peut être mélangé dans de grandes proportions (de 5 à 85 %) à du carburant essence traditionnel.

Au-delà de 20 %, le moteur doit subir des transformations. Il existe maintenant dans le monde des véhicules à carburant modulable, appelé aussi « flexfuel ». Dans le réservoir de ces véhicules le mélange d'essence et d'alcool se fait automatiquement. Sans intervention du conducteur, le véhicule s'adapte à la composition du carburant. Voilà qui laisse au consommateur un choix plus large en termes de carburant disponible et de prix.

La chimie associée ici est relativement simple – la fermentation alcoolique est connue depuis la nuit des temps –, aussi la filière bioéthanol est-elle la plus répandue dans le monde. Au Brésil, le bioéthanol issu de la canne à sucre couvre déjà 22 % des besoins nationaux en carburant. Une situation que l'on retrouve chez les gros producteurs de canne à sucre, comme l'île Maurice chère à Jean-Marie

Le Clézio. Aux États-Unis, plus de 10 % de l'essence contient du bioéthanol issu de la distillation de l'amidon de maïs.

En Europe, nous assistons à une situation particulière : les pétroliers transforment l'éthanol en ETBE (éthyl tertio butyl éther), qui peut être incorporé à l'essence jusqu'à hauteur de 15 % sans induire une modification du moteur. Car, en Europe, rentabilité économique et chimie se télescopent.

Lorsque vous pratiquez une opération de raffinage pétrolier, vous réalisez une distillation d'un hydrocarbure. Durant cette opération, vous soutirez en continu dans la colonne à distiller des molécules selon leur masse molaire : les plus lourdes, dont le bitume, en bas de colonne ; les plus légères, dont le kérozène, en haut. Entre les deux, vous récupérez le carburant essence et le gasoil. Vous fabriquez donc toujours indifféremment ces deux carburants.

Or, en Europe, plus de 80 % des véhicules neufs sont des véhicules à moteur diesel – jugés plus économes en consommation et moins polluants dans la mesure où ils sont équipés de filtres à particules. Il faut donc, en Europe, fournir de plus en plus de gasoil et de moins en moins de carburant essence, alors que ces deux carburants sont fabriqués simultanément.

Du fait de la demande des consommateurs, les pétroliers sont donc, pour le marché européen, en surcapacité d'essence et en sous-capacité de gasoil. Aussi rechignent-ils à participer à la promotion de la filière bioéthanol, concurrent de l'essence qu'ils n'arrivent pas à vendre, alors que la filière biodiesel les intéresse, en complément du gazole dont la demande a du mal à être satisfaite.

Pourtant, il reste encore des véhicules à essence à faire rouler, et les directives nationales post-Grenelle de l'environnement obligent les pétroliers à ne pas oublier ce type de carburant. En 2009, l'E-10, carburant à essence contenant 10 % de bioéthanol, a été introduit en France dans plus de 1 000 stations. Lorsque l'on sait que 14 millions de véhicules à essence circulent encore, 100 000 tonnes de CO_2 seraient évitées chaque mois si toutes ces voitures roulaient avec l'E-10. Plus radical, le superéthanol E85, apparu en France en 2006, est lui obtenu à partir d'un mélange de 15 % d'essence sans plomb et de 85 % de bioéthanol. Vous pouvez vous transformer en petit chimiste et installer sur votre véhicule un kit adapté…

Les biodiesels

Les biodiesels et autres diester font eux partie de la filière « plantes à huile ». Des plantes oléagineuses telles que le colza ou le tournesol servent de matière première. Cultivées pour leurs graines gorgées de lipides, elles vont produire de l'huile lors d'une opération industrielle de trituration. Cette huile étant bonne pour la consommation humaine mais impropre à la consommation des moteurs, il faut donc la faire réagir avec un alcool industriel, le méthanol, pour obtenir un ester méthylique d'huile végétale (EMHV). La société française Sofiproteol a, par contraction des mots diesel et ester, baptisé « diester » les EMHV – appelés biodiesels partout ailleurs.

Produits à partir du colza à plus de 300 000 tonnes par an en France, les esters méthyliques d'huiles végétales sont utilisés sous deux formes. La première forme intéresse bougrement les pétroliers puisqu'elle est incorporée à faible concentration (de l'ordre de 7 % en volume – taux banalisé en 2010) dans le gazole destiné au grand public. Une incorporation bien plus élevée (de l'ordre de 30 %) est autorisée par dérogation pour les flottes urbaines spécifiques. Ce sont les fameux « bus au colza ».

Voilà une filière attractive. Pourquoi limiter à 7 % l'incorporation EMHV dans le gazole ? On peut citer les problèmes de politique agricole commune, d'agriculture intensive à base de pesticides et d'engrais pour mettre des plantes et des fleurs dans nos moteurs, mais, surtout, quelle est la justification d'utiliser des plantes alimentaires pour faire tourner nos moteurs alors qu'un milliard d'individus sont sous-alimentés par-delà le monde ?

C'est ce qui limitera définitivement, selon moi, les biocarburants de première génération, et qui a déjà introduit les carburants de deuxième génération.

Les carburants de deuxième génération

Le point de départ de cette génération est d'élargir le spectre des matières premières possibles.

En ce début de millénaire, le développement des biocarburants de deuxième génération est positionné sur le traitement d'une matière première particulière : la biomasse lignocellulosique. Cette matière première provient de résidus agricoles et forestiers, de résidus verts urbains et de cultures non alimentaires dédiées pour lesquelles l'objectif est d'utiliser toutes les parties de la plante : feuilles, tiges, racines.

Le projet scientifique français Futurol (2008-2016) a pour objectif de mettre sur le marché un procédé et des produits biologiques (enzymes et levures) permettant de produire du bioéthanol à un prix compétitif. Ce bioéthanol sera issu de matières premières végétales diversifiées : des coproduits agricoles, des déchets forestiers, et même des végétaux issus de cultures dédiées. Par exemple, le miscanthus est une plante non alimentaire, qui, cultivée sur des zones non agricoles, pousse rapidement sans nécessiter d'engrais et en consommant efficacement toute l'eau disponible pour produire de la matière végétale (de la cellulose) en quantité. Dans le cadre de Futurol, il est également prévu d'optimiser les procédés d'extraction de la cellulose, de sélectionner les enzymes et les levures nécessaires aux procédés d'hydrolyse et de fermentation les mieux adaptés à chaque configuration de matières premières. Le bioéthanol produit s'inscrirait alors dans une logique de développement durable tout au long de la filière, du champ à la roue.

Dans le même esprit que le miscanthus, *Jatropha curcas* est une plante qui pousse en zone aride dans les pays du Sud. Impropre à la consommation, elle produit en moyenne 400 à 500 litres d'huile par hectare et par an. C'est donc une alternative aux plantes oléagineuses pour les biocarburants de seconde génération. Il y a forcément un équilibre à trouver entre plantes comestibles et non comestibles, et entre les parties comestibles d'une plante et ses déchets valorisables.

À partir de la biomasse, il est aussi possible de produire des carburants de synthèse d'une autre manière. Rappelez-vous : la gazéification de la biomasse par voie thermique permet, à partir de cette matière première, de produire un syngas.

Nous retrouvons l'hydrogène : comme nous l'avons vu, par gazéification, H_2, CO, CO_2 et CH_4 sont produits.

Un syngas comportant 2 fois plus de H_2 que de CO peut, en présence de catalyseurs tels que le fer, le cobalt ou le ruthénium, se transformer en eau et en hydrocarbures liquides. C'est la réaction chimique de Fischer-Tropsch, du nom des deux chimistes allemands qui furent les premiers à imaginer produire des hydrocarbures à partir d'hydrogène et de monoxyde de carbone. À partir de charbon, de gaz ou maintenant de biomasse, il est possible de créer un pétrole brut de synthèse. Une seconde réaction chimique d'hydro-isomérisation transforme ce pétrole brut en carburant de synthèse, composé d'essence et de gazole. Les procédés et les appellations plus génériques, telles que CTL (*Coal to Liquids*), GTL (*Gas to Liquids*), BTL (*Biomass to Liquids*), sont maintenant décrits génériquement par le terme « xTL ».

Ce procédé n'est pas nouveau, mais il est revenu au premier plan du fait de l'augmentation du baril de pétrole.

Le CEA et des partenaires industriels et financiers ont, en 2009, lancé la première phase du projet de construction d'un démonstrateur industriel « Biomass to Liquid », destiné à la production de biocarburants de 2e génération sur le site de Bure-Saudron, à la frontière de la Haute-Marne et de la Meuse.

L'objectif est de démontrer la faisabilité technico-économique d'une chaîne intégrée de production BTL comprenant collecte, conditionnement de la biomasse, gazéification, traitement des gaz, et enfin conversion en carburant liquide de synthèse via le procédé Fischer-Tropsch. L'introduction dans la chaîne de production de H_2 obtenu par traitement thermochimique de la biomasse est considérée comme une première mondiale.

À terme, 75 000 t/an de matière sèche issue de la biomasse seront transformées en quelques secondes par voie thermochimique en H_2 et CO. La production attendue est de l'ordre de 23000 t/an de biocarburant, notamment de biodiesel.

Tous les projets de ce type impliquent une quantité importante de matière végétale à produire, recycler et transporter vers les unités de traitement. Si le transport de la biomasse nécessite d'utiliser des camions qui vont rouler, et consommer du carburant, sur une distance supérieure à 80 kilomètres, la rentabilité de l'ensemble peut s'effondrer. C'est l'une des limitations des biocarburants de deuxième génération. Aussi les chimistes ont-ils pensé aux carburants de troisième génération…

Les carburants de troisième génération

Ces biocarburants, obtenus à partir de microalgues, sont aussi appelés « algocarburants ». Espèces végétales complexes, les microalgues poussent dans des conditions simples et peuvent doubler leur taille toutes les 24 heures. Formidables machines biologiques, elles peuvent, sous l'action d'un stress – par exemple en l'absence d'un nutriment –, réorganiser leur machinerie chimique interne et produire jusqu'à 60 % de lipides. Dans ces conditions, elles sont constituées de 30 à 100 fois plus de lipides que les plantes oléagineuses terrestres !

Les surfaces mobilisées pour cultiver les microalgues sont des zones maritimes côtières, et non des zones terrestres cultivables. Il est possible d'imaginer des surfaces maritimes importantes dédiées à la production de biocarburants. Une étude américaine montre que les besoins de l'aviation civile nécessiteraient de mobiliser une surface d'océan grande comme la Belgique. D'un point de vue théorique, c'est tout à fait imaginable et raisonnable. Faire voler des avions avec des huiles d'algues, une idée… pas si absurde que cela quand on sait que ces huiles contiennent très peu d'eau et restent fluides à basse température, ce qui est la condition de fonctionnement d'un réacteur d'avion en altitude de croisière. L'armée américaine et le Department of Defense s'intéressent au plus haut point à ces substituts du kérosène qui permettraient aux avions de chasse américains de voler, même dans un monde sans pétrole.

De nombreux projets de recherche dans le monde portent donc sur les procédés visant à faire émerger ces biocarburants de troisième génération. Il faut en effet maîtriser les souches de microalgues les plus productives, sélectionner celles qui vont travailler en milieu salin, développer les conditions d'exploitation pour faire croître ces microalgues, développer les outils pour extraire et purifier les lipides et enfin gazéifier le résidu pour obtenir de l'énergie.

C'est typiquement l'objet du projet Salinalgue. Les marais salants du sud de la France vont être utilisés comme bassin ouvert pour faire pousser des microalgues, sélectionnées génétiquement pour croître en présence d'eau très salée. Le CO_2 issu des activités industrielles de Fos-sur-Mer va être injecté dans ces marais pour stimuler la photosynthèse, et donc le rendement. Le CO_2 supercritique et les membranes vont être utilisés pour le bioraffinage et pour extraire les huiles, soit pour la chimie fine (pharmacie, cosmétique, nutraceutique...), soit pour produire des biocarburants. Enfin les résidus pourraient être gazéifiés en eau supercritique pour produire de l'hydrogène. Vous comprendrez aisément pourquoi j'ai une immense affection pour ce projet réellement au cœur de la chimie verte.

L'huile de microalgue coûte environ 2000 $ le baril – 20 fois plus cher que le baril de pétrole actuel. La chimie des procédés a encore du travail pour rendre ces biocarburants rentables.

Vous comprenez mieux pourquoi l'hydrogène est considéré comme un système intermédiaire pour la distribution de l'énergie : les réserves de charbon, de déchets urbains et industriels, de biomasse et même l'eau de mer peuvent être transformées en H_2 qui, selon les besoins, peut ensuite être utilisé en carburant de synthèse ou en électricité...

Mais cette électricité, qu'elle soit destinée à nos véhicules ou à nos habitats, il va falloir la stocker...

Les batteries dans les véhicules électriques

Nous l'avons vu précédemment, les transports sont responsables pour une part importante de la dépendance énergétique des pays occidentaux. En France, en 2009, la consommation finale d'énergie liée aux transports était de l'ordre de 50 MTEP, dont 46,2 MTEP de produits pétroliers majoritairement importés (soit près de 70 % de la consommation finale de pétrole).

Parallèlement, le transport routier est responsable de plus de 90 % des émissions de CO_2 du secteur des transports, dont 50 % pour les seuls véhicules particuliers. Cela concerne de 110 à 120 millions de tonnes de CO_2 émises, sur un total, tous secteurs confondus (énergie, bâtiment, industrie et agriculture), de près de 380 millions de tonnes.

Or, le CO_2, c'est l'ennemi du climat. Aussi, le Conseil européen a-t-il, en 2007, annoncé les objectifs climatiques à l'horizon 2020, les fameux « 3 x 20 » :
- 20 % d'énergies renouvelables dans le mix des énergies consommées,
- amélioration de 20 % de l'efficacité énergétique, notamment dans l'habitat,
- réduction de 20 % des émissions de gaz à effet de serre (GES) par rapport à 1990.

En France, le Grenelle de l'environnement a renforcé le dernier objectif en proposant de diviser par 4 les émissions de GES d'ici 2050. Ce « facteur 4 » ne peut être atteint qu'en menant une politique drastique d'économie d'énergie et en développant des transports peu émetteurs de GES.

Si le développement d'un véhicule propre s'avère maintenant incontournable, il semble illusoire d'obtenir, même à moyen terme, les mêmes performances entre un moteur thermique classique et les nouvelles motorisations hybrides ou 100 % électriques. Le concept retenu par les industriels est par conséquent celui de la mobilité durable : différentes solutions technologiques sont proposées en parallèle pour différents usages.

Parmi ces solutions, les batteries figurent au premier plan. Les batteries, appelées aussi « accumulateurs », et les piles sont des systèmes permettant de stocker de l'énergie électrique sous forme chimique. La différence est que la batterie est un système électrochimique réversible, c'est-à-dire qu'il est rechargeable, alors que la pile ne l'est pas.

Les batteries contiennent des produits chimiques qui, une fois activés, permettent de fournir de l'électricité via des réactions chimiques. Ces réactions sont réalisées au sein d'une cellule élémentaire, formée de deux électrodes métalliques baignant dans un électrolyte. Cette cellule élémentaire peut être dupliquée à l'infini dans ce qui est appelé un « pack » de batterie.

La chimie est donc au cœur des batteries.

Au début des années 1990, les deux principaux types de batteries commerciales étaient les accumulateurs au plomb, utilisés pour le démarrage des véhicules, et les accumulateurs nickel-cadmium NiCd, utilisés pour les premières générations d'ordinateurs et de téléphones portables.

Les inconvénients majeurs de la technologie au plomb concernent le poids et la fragilité de la batterie, ainsi que l'utilisation de l'acide sulfurique comme électrolyte. La technologie des accumulateurs alcalins, qui utilise la potasse (KOH) comme électrolyte, avec des électrodes à base de nickel et de cadmium (technologie NiCd), est plus fiable et dispose d'une meilleure charge accumulée.

À la même époque, nous avons assisté à la croissance du marché des équipements portables et deux nouvelles filières technologiques ont émergé : les batteries nickel-métal hydrure (NiMH) et les batteries au lithium (Li).

La technologie NiMH équipe aujourd'hui la plupart des véhicules hybrides, qui disposent à la fois d'un moteur thermique classique et d'un moteur électrique. Elle présente plusieurs avantages par rapport aux générations précédentes :

– elle ne contient ni cadmium ni plomb, deux matériaux très polluants,
– elle permet de stocker 30 % d'énergie de plus que les accumulateurs NiCd,
– elle est moins sensible à l'effet mémoire (un effet qui apparaît au cours des cycles de charge et décharge des batteries et qui tend à limiter la quantité d'électricité stockée).

Mais le *nec plus ultra* actuellement, c'est la technologie lithium-ion que vous trouvez dans vos ordinateurs portables et vos smartphones. Elle consiste à utiliser la circulation électrochimique de l'ion lithium entre une électrode positive et une électrode négative. En cours d'utilisation (lorsque la batterie se décharge), l'électrode négative relâche le lithium sous la forme ionique Li^+. Les ions Li^+ migrent alors vers l'électrode positive à travers l'électrolyte conducteur. Le passage de chaque ion Li^+ au sein de l'accumulateur est compensé par le passage d'un électron produit en sens inverse. C'est ce qui crée le courant électrique faisant fonctionner le moteur associé à la batterie.

Lorsqu'il n'y a plus de courant électrique, c'est qu'il n'y a plus de lithium au sein de l'électrode ; la batterie est alors déchargée. Son rechargement se fait selon le processus inverse, en branchant l'accumulateur sur une prise électrique pour faire migrer les Li^+ dans l'autre sens…

Les batteries Li-ion présentent plusieurs avantages majeurs. Elles délivrent une grande quantité d'énergie pour un poids relativement faible. Offrant une grande sécurité, elles ne présentent aucun effet mémoire, à la différence des accumulateurs à base de nickel, et leur capacité d'auto-décharge est faible (5 à 10 % par mois lorsque la batterie est stockée). Comme les accumulateurs NiMH, les batteries Li-ion ne nécessitent pas de maintenance, à la différence des accumulateurs au plomb.

La filière Li-ion commence à s'appliquer aux transports. Les premières voitures hybrides équipées de cette technologie ont été commercialisées en 2009-2010. La technologie est encore chère et intéresse pour l'instant des voitures haut de gamme chez les constructeurs Mercedes-Benz et BMW. Mais cela se démocratise peu à peu et cette technologie équipe également la Nissan Leaf et la Mitsubishi IMiev.

L'enjeu, pour ces batteries, est de nous propulser dans un véhicule tout électrique avec une autonomie de 300 kilomètres pour 100 kg de batteries embarquées. Elles doivent garantir une durée de vie de plusieurs milliers d'heures de fonctionnement – la durée moyenne est de 1 000 cycles en 5 000 heures, avec des cycles de charge et décharge de 2 h 30 chacun.

Les chercheurs du monde entier sont mobilisés pour aller au-delà, en développant de nouveaux matériaux accumulant plus d'énergie, de nouvelles architectures de piles, tout en garantissant une sécurité à toute épreuve. Des nouveaux concepts plus larges sont aussi en cours de développement. Des amis chimistes m'ont ainsi montré des maisons intelligentes où l'on branche les véhicules électriques sur des prises de courant particulières dans le garage. Une fois branchée, la batterie du véhicule devient alors partie intégrante du système énergétique de la maison. Si elle est équipée de panneaux solaires ou d'éoliennes, l'électricité non utilisée sera stockée dans la batterie pour être restituée selon les besoins de la maison ou bien pour faire rouler la voiture. Il suffisait d'y penser.

Grâce à ma compagne, chercheuse dans le domaine des matériaux pour l'énergie, j'ai eu le privilège de faire un tour du circuit de formule 1 Gilles-Villeneuve, à Montréal, au volant d'un énorme véhicule hybride SUV de la compagnie Hydro Québec. Le véhicule de 2 tonnes, propulsé par une batterie Li-ion, m'emmenait à 90 km/h dans un silence absolu. Tandis que j'écoutais son propriétaire me vanter tous les mérites de son véhicule avec l'accent de la Belle Province, j'ai compris que la chimie venait de me faire entrer dans les transports du XXIe siècle.

La chimie et ses métaux rares et précieux pour l'énergie

En 2010, la Commission européenne de Bruxelles a édité une liste de 14 métaux et familles de métaux considérés comme « critiques ». Ils sont en effet indispensables à l'économie des pays de l'Union européenne et, au-delà, à l'économie mondiale, mais leur approvisionnement peut s'avérer problématique.

Pourquoi ces matières premières minérales sont-elles considérées comme le tendon d'Achille de l'économie européenne ? Parce que l'électronique utilise massivement des semi-conducteurs qui contiennent de l'antimoine, du tantale et du gallium. La chimie des catalyseurs mobilise du cobalt, du germanium, du platine. L'indium est l'élément phare des écrans plats, des systèmes LED et des panneaux photovoltaïques. Les matériaux innovants et les superalliages sont friands de béryllium, de magnésium, de niobium et de tungstène. Les minerais du fluor sont utilisés en optique de précision, et les « terres rares » (famille de produits chimiques – scandium, yttrium et autres lanthanides – particulièrement peu abondants à la surface de la planète) et le graphite sont utilisés pour l'énergie nucléaire, mais aussi dans les véhicules électriques.

En règle générale, les technologies permettant de réduire les GES – systèmes éoliens, voitures électriques, ampoules basse consommation… – utilisent des métaux rares.

La prise de conscience est brutale. En 2010, la Chine, qui contrôle 95 % de la production de terres rares, indispensables à la création des véhicules hybrides, a annoncé la réduction de ses exportations, ce qui a immédiatement suscité des tensions chez les industriels occidentaux. Le niobium, nécessaire aux aimants supraconducteurs (qui servent pour le transport et le stockage de l'énergie), provient quant à lui à 80 % du Brésil. Au-delà de la liste des 14, une quarantaine de composés chimiques peuvent être considérés comme « préoccupants ». En tête, le lithium, évoqué précédemment. Principalement exploité au Chili et en Bolivie, le lithium devrait voir sa demande exploser avec la croissance des systèmes énergétiques mobiles. Les experts en énergie pensent que les réserves en métaux rares ne devraient permettre de fabriquer des véhicules électriques qu'à hauteur de 10 % du parc automobile mondial. Les véhicules thermiques ont donc de beaux jours devant eux… et des progrès à faire en tant qu'émetteurs de GES.

Quelles sont les solutions ? Il en existe trois selon la Commission européenne. Tout d'abord, finaliser des accords internationaux avec les pays producteurs – la concurrence va être rude avec les États-Unis et la Chine. Ensuite, développer l'exploitation des mines sur le sol européen, ce qui va forcément entrer en conflit avec les directives sur les zones protégées Natura 2000.

Le troisième axe est celui de la chimie : il lui est demandé de trouver des produits de substitution et de réfléchir activement au recyclage…

L'élément chimique qui attire toutes les convoitises à l'heure actuelle, c'est l'indium. La fabrication d'écrans plats à cristaux liquides, de cellules photovoltaïques et de semi-conducteurs nécessite de l'indium. En 2030, cela représentera trois fois la production de 2006 ; mais les réserves en indium pourraient être épuisées dès 2023…

Les chercheurs du groupe de Chimie verte de l'université de York (Royaume-Uni) ont tiré la sonnette d'alarme et se sont mis en quête de nouvelles sources de métaux rares.

Selon eux, les déchets miniers, les eaux usées mais aussi les déchets électroniques et les déchets solides municipaux, gavés de vieil électroménager, sont des sources rentables de récupération des métaux rares. Or, alors que l'Union européenne compte 500 000 décharges municipales, aucune récupération n'est envisagée ailleurs qu'en Suisse et aux Pays-Bas.

Aussi l'université de York propose-t-elle d'utiliser des plantes, des bactéries et des systèmes biosorbants – des éponges efficaces – pour récupérer les métaux rares, dont l'indium.

L'idée est d'injecter dans les décharges une solution contenant des bactéries qui vont dissoudre les métaux rares. Mis en solution, ces derniers vont être pompés vers la surface pour être absorbés par des plantes. 450 espèces de plantes peuvent accumuler significativement des métaux, 300 peuvent même le faire pour le nickel. Les algues sont elles aussi des biosorbants efficaces, pour un large spectre de métaux rares incluant le cadmium et l'uranium.

Une fois récupérées, les plantes et les algues chargées en métaux rares sont brûlées, les métaux sont récupérés et refondus pour de nouvelles applications. La solution bactérienne est, elle, récupérée pour ensuite être réinjectée dans le sol de la décharge et on recommence.

Pour un kilogramme de plantes séchées, il est ainsi possible de récupérer 22,6 grammes d'arsenic, indispensable aux cellules photovoltaïques et pour les imprimantes laser…

Le recyclage est donc indispensable, et, en plus des systèmes chimiques sophistiqués, il faut trouver des solutions simples à mettre en place, au plus près des centres urbains, grands consommateurs d'énergie et producteurs de déchets.

Au terme de ce chapitre, nous avons le sentiment que l'énergie de demain va donc être multiple, variée, massive ou décentralisée, renouvelable, décarbonnée et *a minima* économe en matières fossiles…

Devant les enjeux qui se présentent à nous, les progrès en chimie représentent la voie la plus pertinente pour trouver une solution acceptable à cette équation complexe qui va nous demander… beaucoup d'énergie.

Conclusion

En 2011, à l'occasion du lancement de l'Année internationale de la chimie, l'Union des industries chimiques française a commandité une enquête pour mieux connaître la perception, par le grand public, de la chimie. Paradoxaux, les résultats reflétaient clairement le rapport du public à la chimie.

Pour la quasi-totalité des personnes interrogées (96 %), la chimie joue un rôle majeur dans notre quotidien, mais un tiers d'entre elles indiquent ne pas en imaginer totalement l'ampleur (alimentation, santé, énergie...). Logiquement, l'importance économique de ce secteur industriel est reconnue, presque 80% des personnes interrogées estimant que la chimie est un secteur moteur de l'activité économique nationale.

Pour autant, la chimie ne serait plus synonyme de progrès : deux tiers des personnes interrogées ne considèrent pas que les produits chimiques soient indispensables à l'amélioration de leurs conditions de vie, bien au contraire... En même temps, plus de 80 % des répondants n'imaginent absolument pas un monde sans la chimie ! La chimie serait-elle condamnée à exister en tant que « mal nécessaire » à notre société moderne ?

C'est de l'inconnu que naissent les peurs. L'enquête indique clairement un lien de causalité entre une sous-information et la peur des produits chimiques. Très lucidement, presque deux tiers des personnes interrogées reconnaissent que l'opinion publique se focalise essentiellement sur les risques, et non sur les bénéfices apportés par la chimie. Et environ 70% des personnes consultées reconnaissent ne pas bien mesurer les bénéfices et les risques de l'industrie chimique.

Il faut se rendre à l'évidence, malgré le travail important des chercheurs dans le domaine, seule une minorité des personnes interrogées (39 %) a entendu parler de la « chimie verte ». Cela montre en toute humilité l'étendue du travail de communication qu'il reste à effectuer... Signe encourageant : une fois que la chimie verte est décrite aux personnes interrogées, ils sont 73% à indiquer que l'industrie chimique a la capacité d'évoluer vers cette nouvelle chimie.

La chimie verte n'est pas un outil médiatique pour redonner une nouvelle virginité à la chimie du siècle dernier. C'est bien une évolution attendue, nécessaire et elle doit intégrer dans sa trajectoire une part importante dédiée à la communication et à la formation. La chimie verte sera communicante ou elle ne sera pas. Elle doit être partagée par le plus grand nombre afin que les citoyens du monde puissent prendre en connaissance de cause les décisions qui vont conditionner leur futur et gérer les contraintes d'un monde fini.

Bien souvent, ce sont les poètes qui ont la vision intuitive de ce qui sera démontré bien plus tard, par les chercheurs, les hommes politiques ou les analystes économiques… Paul Valéry, le poète languedocien, a écrit en 1945, peu avant de disparaître, un texte paru dans *Regards sur le monde actuel*. Il évoquait le besoin de penser la politique et l'histoire des hommes avec un horizon mondial. À la fin de la Seconde Guerre mondiale, les nations venaient de se partager les terres habitables de la planète. Il n'existait plus de peuplades reculées à découvrir et l'inventaire de toutes les richesses du monde serait bientôt achevé. Une phrase issue de ce texte est restée célèbre : *Le temps du monde fini commence.*

Elle annonçait la fin de l'insouciance, la fin de la croyance en une planète aux ressources infinies. Il devenait alors indispensable d'intégrer un nouveau mode de fonctionnement, pour agir localement et penser globalement. Cinquante ans plus tard, cette phrase s'est mise à résonner de plus en plus fort avec le constat de la fin annoncée des ressources fossiles.

Non seulement les ressources de notre planète ne sont plus infinies, mais notre démographie augmente… Nous l'avons vu au fil des chapitres, il nous faut dès maintenant produire plus de nourriture, de médicaments, d'eau potable et d'énergie tout en consommant moins de matières premières et en rejetant moins de déchets dans l'environnement.

Alors, comment faire face aux contraintes d'un monde fini ? C'est encore Valéry qui, selon moi, détient un début de réponse. En 1928, dans la *Petite Lettre sur les mythes*, le poète humaniste écrivit une phrase qui m'a profondément marqué : *Que serions-nous donc sans le secours de ce qui n'existe pas ?*

En tant que chercheur, je ne serais rien si l'existence de toute chose était avérée. Le champ des possibles qu'il nous reste à découvrir est lui infini, et il est porteur d'espoir. Je conclurai donc sur le paradoxe prometteur de Valéry : face au constat inéluctable d'un monde fini, j'ai la faiblesse de croire que c'est l'imagination sans limites de l'homme qui lui permettra de découvrir des solutions adaptées qui n'existent pas encore… tout en continuant à tirer profit de celles qui existent déjà !

La chimie fait partie des solutions à développer pour rendre notre monde durable ; elle sera forcément présente pour répondre aux grands enjeux de notre futur…

Remerciements

Aucun homme n'est une île…
Aussi tout ce qu'il entreprend est forcément en lien avec les autres et je tiens à remercier chaleureusement les personnes suivantes pour leur soutien et leur aide dans la rédaction de cet essai :
Caroline Levy et Hugo Sarrade, mes premiers et plus intransigeants lecteurs ;
Karine Seaudeau et Kevin Pizarro, les piliers d'Innovation Fluides supercritiques (IFS) ;
Gilbert Rios et Gérald Pourcelly, des acteurs du monde des membranes et du Club français des membranes (CFM) ;
Laurence et Rodolphe Dupas-Gelin, mes partenaires de disruption ;
Christophe Joussot-Dubien, Bruno Fournel et Jean-Christophe Ruiz, avec lesquels j'ai partagé tant de moments de doutes et de recherches, au CEA et ailleurs.
Enfin, ce livre n'existerait pas sans Juliette Thomas, éditrice rigoureuse, patiente et pleine de ressources…

Bibliographie

La Chimie verte et les enjeux du nouveau millénaire

Paul T. Anastas and Tracy C. Williamson, « Designing Chemistry for the Environment », *ACS Symposium series*, American Chemical Society, vol. 626, 1996.

Paul T. Anastas and John C. Warner, *Green Chemistry : Theory and Practice*, Oxford University Press, 1998.

Dennis L. Hjeresen, David L. Schutt and Janet M. Boese, « Green Chemistry and Education » in *Journal of Chemical Education*, vol. 77, n° 12, 2000.

« Lobby toxique ou comment l'industrie chimique essaie de tuer REACH », publié par Greenpeace International en mai 2006

http://www.greenpeace.org/raw/content/france/presse/dossiers-documents/lobby-toxique.pdf

La chimie en France - en bref - édition 2009, rapport annuel de l'Union des industries chimiques, juillet 2009

http://www.uic.fr/mediatheque.asp?card=14485

« En 2010, l'industrie chimique en France retrouve tout juste son niveau d'avant crise », communiqué de presse de l'Union des industries chimiques, novembre 2010.

http://www.uic.fr/mediatheque.asp?card=2374

Mutations économiques dans le domaine de la chimie – volet Compétences, Rapport gouvernemental du pôle interministériel de prospective et d'anticipation des mutations économiques (PIPAME), juin 2010.

http://www.industrie.gouv.fr/p3e/etudes/chimie/chimie_competences. php

La chimie pour nourrir neuf milliards d'humains

Ecophyto R&D : quelles voies pour réduire l'usage des pesticides ?, Rapport de l'INRA, janvier 2010.

http://www.inra.fr/l_institut/etudes/ecophyto_r_d/ecophyto_r_d_resultats

Pesticides, agriculture et environnement : réduire l'utilisation des pesticides et en limiter les impacts environnementaux, Rapport de l'INRA et du Cemagref, décembre 2005.

http://www.inra.fr/l_institut/expertise/expertises_realisees/pesticides_agriculture_et_environnement

Dans le même rapport, son chapitre 2 : « Connaissance de l'utilisation des pesticides »

http://www.inra.fr/l_institut/expertise/expertises_realisees/pesticides_rapport_d_expertise

Current World Fertilizer Trends and Outlook to 2014, Report from Food and Agriculture Organization of the United Nations, Rome, 2010.

ftp://ftp.fao.org/ag/agp/docs/cwfto14.pdf

F. Tenkorang and J. Lowenberg-DeBoer, « Forecasting Long-term Global Fertilizer Demand », in *Report from Food and Agriculture Organization of the United Nations*, Rome, 2008.

ftp://ftp.fao.org/agl/agll/docs/globalfertdemand.pdf

The State of Food Insecurity in the World – Addressing Food Insecurity in Protracted Crises, Economic and Social Development Department, Food and Agriculture Organization of the United Nations, Rome, october 2010.

http://www.fao.org/publications/sofi/en/

La chimie au chevet des malades d'aujourd'hui et de demain

The Top Ten Cause of Death, Fact sheet n° 310 of World Health Organization, november 2008.

http://www.who.int/mediacentre/factsheets/fs310/en/index.html

« World Health Statistics 2010: Part II, Global Health Indicators », *Report of World Health Organization*, 2010.

http://www.who.int/whosis/whostat/EN_WHS10_Full. pdf

« WHO Global Malaria Program : World malaria report 2010 », *Report of World Health Organization*, 2010.

www.who.int/malaria/world_malaria_report_2010/world_malaria_report_2010.pdf

La Chimie et la santé au service de l'homme, ouvrage collectif, coll. « L'actualité chimique », EDP Sciences, 2010.

Site Internet de l'Association Innovation Fluides Supercritiques : www.supercriticalfluid.org

De l'eau potable pour tout le monde

D. Beysens et I. Milimouk, « Pour des ressources alternatives en eau », in *Sécheresse*, vol. 11, n° 4, 2000.
Planète Vivante 2008, rapport du World Wildlife Fund (WWF for a living planet), 2008.
http://www.wwf.fr/pdf/LPR_2008_FR. pdf
Site Internet du Club français des membranes : http://cfm-mb.fr/

La chimie à la base des énergies alternatives

Mémento sur l'énergie 2010
http://i-tese.cea.fr/fr/InfosEnergie/Memento/2010/index.html
Agence française de l'hydrogène : http://www.afh2.org
Key World Energy Statistics IEA
http://www.iea.org/textbase/nppdf/free/2010/key_stats_2010.pdf
Daniel Clément et Pierre Papon, *Vers une énergie durable ?*, col. « le collège », Le Pommier, 2010.

Glossaire

Appertisation. Procédé thermique de conservation des aliments qui consiste à stériliser par la chaleur, entre 110 et 130 °C, des denrées périssables dans des contenants hermétiques aux liquides, aux gaz et aux micro-organismes (boîtes métalliques, bocaux). C'est le traitement classique de « conserve » inventé par Nicolas Appert à la fin du XVIIIe siècle.

Atome. Brique élémentaire de la matière, un atome se compose d'un noyau, constitué de protons et de neutrons, autour duquel gravitent des électrons. Il a le même nombre d'électrons et de protons, les premiers, dotés d'une charge négative, étant attirés par les seconds, porteurs d'une charge positive. C'est son nombre d'électrons qui lui confère des caractéristiques chimiques spécifiques.

Biochimie. Discipline de la chimie qui étudie plus particulièrement les réactions chimiques ayant lieu au sein du monde vivant (animal et végétal). La biochimie étudie les réactions au sein des cellules vivantes mettant en œuvre des molécules telles que les lipides, les glucides, les protéines et les acides nucléiques (constitutifs de l'ADN).

Biomasse. C'est la quantité totale de matière organique issue de toutes les espèces vivantes présentes dans un milieu naturel donné. Par extension, dans le domaine de l'énergie, le terme de « biomasse » regroupe l'ensemble des matières organiques (essentiellement d'origine végétale) pouvant devenir des sources d'énergie renouvelable.

Catalyseur. Substance qui favorise ou rend possible une réaction chimique ou biochimique en accélérant la vitesse de réaction. Le catalyseur est en général ajouté en quantité beaucoup plus faible que les réactifs, il n'est pas consommé et est retrouvé inchangé à la fin de la réaction.

Chimie du végétal. Domaine de la chimie fondé sur l'utilisation de ressources végétales, matières premières renouvelables alternatives aux ressources fossiles telles que le pétrole. La chimie du végétal est un outil de la chimie verte.

Chimie verte. Traduction de *Green Chemistry*, un ensemble de 12 principes inventés par Paul Anastas *et al.* dans les années 1990 et qui ont pour but de réduire ou d'éliminer l'utilisation ou la génération de substances dangereuses émanant des processus de design, de fabrication et d'application de produits chimiques. Les « 12 principes de la chimie verte » structurent la chimie durable.

CMR. Composés cancérogènes, mutagènes et toxiques pour la reproduction.

Éléments chimiques. Désigne l'ensemble des isotopes d'un même atome. Il en existe 92 naturels et 17 artificiels connus, répertoriés dans le tableau de Mendeleïev. Chacun se caractérise par un symbole et un numéro dit « atomique » – nombre de protons dans le noyau et numéro de place dans ce tableau.

Enzyme. C'est une molécule (souvent une protéine) permettant d'abaisser l'énergie d'activation d'une réaction chimique au sein d'une cellule ou d'un organisme vivant complexe, afin de la rendre possible. Les enzymes agissent à faible concentration et elles se retrouvent intactes en fin de réaction : ce sont des catalyseurs biologiques.

Fluide supercritique. Fluide chauffé au-delà de sa température critique (Tc) et comprimé au-dessus de sa pression critique (Pc). Tc et Pc forment les coordonnées du point critique, spécifique de chaque corps chimique simple. Les propriétés physiques d'un fluide supercritique (densité, viscosité, diffusivité) sont intermédiaires entre celles des liquides et celles des gaz. Le CO_2 supercritique (P> 74 bars et T> 31 °C) se comporte comme un solvant organique, c'est un outil majeur de la chimie verte.

Hydrocarbures. Composés organiques contenant exclusivement des atomes de carbone (C) et d'hydrogène (H). Ils possèdent en conséquence une formule brute de type « CnHm », où n et m sont deux entiers naturels. Les sources d'hydrocarbures sont essentiellement fossiles et liées au pétrole. Les hydrocarbures sont utilisés comme matière première pour l'industrie chimique, la fabrication des polymères ou bien pour produire des carburants.

Ion. Correspond à un atome, ou à une molécule, qui a perdu ou gagné un ou plusieurs électrons. Un ion (anion) négatif a gagné des électrons, un ion positif (cation) en a perdu.

Isotope. Atomes qui ont un même nombre de protons et un nombre différent de neutrons. Ils ont les mêmes propriétés chimiques, mais des propriétés physiques différentes.

Liaison chimique. Elle lie les atomes entre eux par échange ou partage d'un ou de plusieurs électrons, et assure ainsi la stabilité et la cohésion des molécules.

Matière. L'assemblage des atomes à grande échelle constitue la matière. Ce qui caractérise cette dernière, c'est la nature des atomes, et la façon dont ils s'arrangent entre eux. Par exemple, la mine d'un crayon et un diamant sont constitués tous deux d'atomes de carbone, assemblés entre eux de façon différente…

Membranes. Matériaux poreux formés par une fine couche de polymères ou de céramique. Sous l'effet d'une différence de pression, un liquide (de l'eau par exemple) passe à travers la membrane qui fait office de tamis moléculaire. La sélectivité des membranes est liée à la taille des pores qui peuvent décroître du micron au nanomètre. Les procédés correspondant sont la microfiltration, l'ultrafiltration, la nanofiltration et l'osmose inverse.

Molécule. Édifice constitué de l'assemblage précis d'atomes. Une molécule a ses propres propriétés chimiques, différentes de celles des atomes qui la composent. La plus petite est la molécule de dihydrogène constituée de deux atomes d'hydrogène, ou encore celle d'eau, constituée de deux atomes d'hydrogène et d'une molécule d'oxygène. L'une des plus grosses est la molécule d'ADN, formée de milliers d'atomes.

Osmose inverse. Procédé de filtration liquide mettant en œuvre des membranes polymériques d'osmose inverse. Formées de pores inférieurs au nanomètre, les membranes d'osmose inverse sont très sélectives et fonctionnent avec des différences de pression comprises entre 60 et 80 bars. L'osmose inverse est le procédé de référence de dessalement de l'eau de mer ou des eaux saumâtres pour la production d'eau potable.

Pascalisation. Procédé physique de conservation des aliments qui consiste à stériliser par la pression, entre 3 000 et 10 000 bars, des denrées périssables placées dans des autoclaves. Ce traitement peut être opéré à température ambiante, ou à basse température, ce qui maintient la fraîcheur naturelle et les qualités organoleptiques du produit d'origine.

Pasteurisation. C'est un procédé de conservation des aliments (essentiellement des liquides) inventé par Louis Pasteur à la fin du XIXe siècle. Ce traitement consiste à soumettre les aliments à de hautes températures (60 à 90 °C) pendant quelques secondes puis à les refroidir rapidement. Ce procédé permet de conserver l'intégralité des textures et des éléments constitutifs : protéines, vitamines…

Polymère. Molécule de masse moléculaire élevée (macromolécule) constituée par la répétition de motifs élémentaires identiques (monomères) unis les uns aux autres par des liaisons chimiques dans les trois dimensions. Les matrices polymères sont beaucoup utilisées dans les matériaux composites, les matières plastiques…

REACH (Règlement). REACH (Registration, Evaluation, Authorisation and Restriction of Chemical substances) est le règlement européen sur l'enregistrement, l'évaluation, l'autorisation et les restrictions des substances chimiques. Entré en vigueur le 1er juin 2007, REACH fait porter à l'industrie la responsabilité d'évaluer et de gérer les risques posés par les produits chimiques et de fournir des informations de sécurité adéquates à leurs utilisateurs. L'Union européenne peut prendre des mesures supplémentaires concernant le retrait de substances extrêmement dangereuses lorsque cela se révèle nécessaire.

Réactifs chimiques. Substances introduites dans un solvant pour prendre part à une réaction chimique. Les réactifs tendent à diminuer au cours du temps car ils sont consommés ; leurs atomes se réarrangent pour former de nouvelles molécules : les produits de cette réaction. En synthèse, les réactifs sont consommés par la réaction chimique, alors que les produits sont formés.

Réaction chimique. C'est une transformation de la matière. Les espèces chimiques – atomiques, ioniques ou moléculaires – constitutives de la matière sont modifiées. Les espèces chimiques consommées sont appelées « réactifs ». Les espèces formées au cours de la réaction sont appelées les « produits de la réaction ». Depuis Lavoisier, le père de la chimie moderne, nous savons que « rien ne se perd, rien ne se crée, tout se transforme ».

Solvant. Constituant liquide volatil ayant la propriété de dissoudre et de diluer d'autres substances sans les modifier chimiquement et sans lui-même se modifier. En chimie, l'eau et les alcools sont des solvants couramment utilisés pour mélanger des réactifs chimiques.

Syngas. Contraction des termes *Synthetic Gas*. Gaz de synthèse obtenu après traitement thermique ou fermentation de la biomasse. Le syngas est formé de H_2, CH_4, CO et CO_2 à concentrations variables selon les sources de biomasse traitées et les procédés choisis.

Table des matières

N° d'édition : 090537-01

Achevé d'imprimer en juin 2011 par EMD S.A.S. – 53110 Lassay-les-Châteaux
N° d'impression : 25097 – Dépôt légal : juin 2011

Imprimé en France